彩

中国彩印二千年

Zhongguo Caiyin Erqiannian

江西科学技术出版社

李　英/著

序一

中国出版科学研究所所长
中国印刷博物馆馆长 **郝振省**

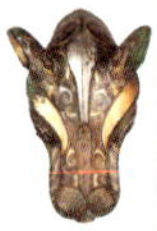

前几日，作者邀我为她的新书作序，乍一看书名，心里油然生出一种欣喜。在我的印象中，讲印刷史的书不在少数，但从彩印角度写印刷史的却并不多见。的确，时至今日，还没有一部专著对中国彩色印刷技术的发明和发展作出全面而系统的介绍。过去，说到中国四大发明之一的印刷术，人们似乎只有白纸黑字的印象，而《中国彩印二千年》则为我们展现出一幅延续数千年的绚丽多彩的画卷，读之如“从山阴道上行，山川自相映发，使人应接不暇”。

出版人对印刷是有感情的，在我看来，印刷于出版如同发动机之于汽车，没有印刷技术的进步，就难有出版的发展。纵观出版的历史，每一步的前行都可以说与印刷密不可分。

3000多年前，人们就开始用木简和竹简刻写文字，装订成册后就是最早形式的图书。春秋战国时期，中国的科技文化出现了第一次大繁荣，同时也是中国出版的第一次高潮，教育、天文、历法、历史、军事、农业、医学、文学各个方面都呈现出百花齐放、百家争鸣的局面。但是那时的出版受限于复制手段的匮乏，多为刀刻手抄，耗时费力，难成规模，使文化的传播只局限在少数贵族群体中。

出版真正的发展，应该说源于唐宋雕版印刷术的产生。它使《元和郡县制》、《通典》、《史通》等历史地理著作，以及王维、李白、杜甫、白居易等诗人的诗文集可以广为刊布。雕版印刷术的发明有力地推动了唐代文学艺术、科学技术的进一步普及与发展，甚至可以说成就了大唐盛世，难怪雕版印刷术被称为人类的“文明之母”。

北宋庆历年间，毕昇潜心钻研，在雕版印刷术的基础上，发明了活字印刷，不仅对印刷来说是革命性的创新，也带来了出版的快速发展和繁荣。其间不仅儒家经典、历史、地理、天文、历算、农业、医药以及佛经、道经大量印刷，而且从春秋战国到隋唐五代的学术著作也陆续出版。《太平御览》、《册府元龟》、《文苑英华》和《太平广记》就是当时编辑整理的四大类书。

随后的元明清三朝，伴随活字印刷技术从官方到民间的普及以及技术的不断改良，出版业得到了规模化发展。单是元代刻印、流通的图书经部就有 804 种，史部有 477 种，子部有 763 种，集部有 1098 种，成就斐然！

在印刷史上，中国人的发明是多方面的。除了人们熟知的雕版印刷术、活字印刷术外，彩色印刷术同样也是中国人民对世界印刷史的一项重大贡献。而对于这方面的传统和成就，人们知道的确实不多。

其实，早在六七千年前的新石器时代，我们的祖先就能够用赤铁矿粉末将麻布染红。居住在青海柴达木盆地诺木红地区的原始部落，能把毛线染成黄、红、褐、蓝等色，织出带有条纹色彩的毛布。进入商周以后，先民已经掌握了利用多种矿物、植物染料染色的技术，这是我国最早的、具有相当水平的染色技术。一些出土文物表明，周代时已经创造出了套染，即将织物分几次先后浸入溶有一种或多种不同色彩染料的容器内，从而得到某一颜色的不同深度的近似色或其他各种新的颜色。隋唐以后，中国的彩色印刷更是大放异彩，隋代的敷彩佛像，唐代的蜡缬、灰缬和敷彩印刷品，宋代的纸币彩印技术中的交子、钱引、会子、关子等，元代的织物

印花与印金、彩印壁画，明代的朱蓝印本、套色书籍印刷、木刻版画，清代的套色印书、彩印版画、木版年画、石版彩印技术等等，琳琅满目，万紫千红。

感谢作者为我们了解和领略中国彩印之美所作的辛勤努力，尤其要感谢作者在书中插入了许多难得一见的精美的图片，既让人对书中的内容更易理解，又增加了阅读的舒适感，在读者面前缓缓展开了一幅长达2000年的墨香四溢、璀璨明丽的历史画卷。此外，除了回顾和总结我国古代彩印的辉煌成就之外，作者还对印刷史上雕版、活字、信息处理技术这三次技术创新用通俗的语言进行了深入浅出的介绍。

自宋代以后，中国在印刷领域越来越落后于世界，但是，20世纪80年代，王选发明的汉字信息处理技术开启了汉字印刷技术数字化的进程。汉字信息处理技术与激光照排机的结合，使中国的印刷技术从此“告别铅与火，迎来光与电”。王选的发明，使我们又一次看到了中国印刷技术腾飞的曙光。我们有理由相信，在信息时代，中国印刷业将会迎来新的春天。

相信这部科普读物不仅对印刷领域的人会有所帮助，对出版人也会大有裨益，尤其对青少年了解中国灿烂的古代文明，启迪智慧，增强民族自豪感，将会起到积极的作用。我也同作者一样，希望本书能激励后人为我国印刷业的科技创新作出新的贡献。

是为序。

序二

中国印刷技术协会名誉理事长　**武文祥**

在北京奥运会开幕式上，运用当代高新科技精彩绝伦地展现出的以“四大发明”为主线的诸多中国元素，令世人叹服、国人荣光。

这引起了我的深思：被誉为“光明来自东方”的中华民族悠久厚重的文明、科技史，目前虽取得了一些开发研究成果，但许多已知、大量未知的深厚文化资源仍被尘封！

“盛世修史”，是千百年来社会发展、进步的一个重要标志。新中国成立后，特别是改革开放30年来，由于经济建设的快速发展，文化建设、文物发掘、史学研究也被提到了重要的地位。

随着印刷大产业的形成和中国印刷博物馆的建设，在大印刷史观的指导下，印刷史的研究取得了新成果：《中国印刷近代史（初稿）》、《中华印刷通史》和《中国印刷史（增订版）》相继出版；多次召开中国印刷史学术研讨会，海内外印刷史专家、学者撰写出版几十种专著，发表数以百计的文章；“中国印刷技术协会印刷史研究委员会”的成立，使研究工作得以有组织地经常开展。这一切，充分反映出20多年来印刷史研究工作的繁荣景象。同时，对印刷文物的收集、发掘、研究，越来越被业界和社会所重视。前些天得到一个让我振奋的信息：国内有位持宝人，他家传的一件青铜器文物，经专家初步鉴别是战国时期的青铜器——似用于帛、绢纹饰印染、印刷简单的“圆压平”机械工具，现已由有关方面申请立项，如果正式鉴定为公元前200年前的印染、印刷工具，将对印刷术起源与发明历史的研究产生深远影响。

近日欣悉，由中国印刷博物馆业务部主任李英同志撰写的《中国彩印二千年》，在

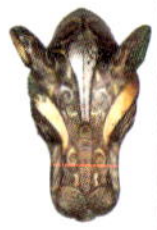

江西科学技术出版社的大力支持下即将出版。我有幸率先看到全书目录和作者的前言，感觉这本书在我国印刷史料的挖掘与传承上确有其新颖独特的地方，从丰富印刷史研究成果的角度看，值得赞赏，应当祝贺！

李英同志于20世纪90年代毕业于北京印刷学院，可谓科班出身。毕业后，她做过公务员，经过商，丰富了人生阅历，从2004年起回归印刷界，毅然选择了中国印刷博物馆，专注研究和展示工作。5年多来，她以赓续先人创造精神、弘扬中华印刷文化为己任，秉承大印刷史观，结合印刷博物馆展示工作，从熟悉展品渊源、研究展品说明、调整布展陈列、改进展览介绍入手，虚心学习思考，精心搜集、潜心研究有关印刷史料，以厚古重今的视角，探索印刷源流和印刷新科技。为庆祝中国印刷博物馆成立10周年，她全力投入以王选领军发明计算机汉字信息处理技术为主体的“印刷现代馆”的筹建和展出。几年来，李英同志多次参与组织在国内外举办的“中华印刷之光”展览。她在重点馆藏品的研究方面也初取成果，如镇馆之宝——孤品《大清国摄政王令旨》(顺治皇帝进北京后第一张安民告示)原件残缺8个单字，经她多方查找史料全数补齐，使其恢复完整的史料价值。她还撰写了若干文章，在国内外媒体发表。业精于勤，事成于奋。她通过几年的搜集，在厚积史料的基础上细心筛选，梳理编织，最终成就了《中国彩印二千年》这部可读性强的印刷史科普著作。

我既对第一次用这样生动的书名出版专著表示祝贺，我更为印刷史研究后继有人感到欣慰。如果有更多的年轻人有志于传承民族先贤的伟大发明，淡泊名利，甘于寂寞，毕生为弘扬中华文化献身，那么，印刷史的研究取得突破性的成果将不会是遥远的目标。

前言

印刷术是中国古代四大发明之一。印刷术的发明是中国对世界文明最伟大的贡献之一。在印刷术发明之前，人类的知识传播仅仅是个体之间的传抄和口授行为。印刷这一伟大的复制活动，则使得知识的共享超越了个别的局限性，成为整个人类社会的行为。从某种意义上来说，是印刷带领人们度过蒙昧的黑夜，迎来了文明的曙光。

多媒体时代的来临，各种新技术、新概念、新手段推陈出新，网络、电视、通讯似乎遮掩了印刷术的光芒。凝聚着中华祖先智慧，值得中国人引以为傲的印刷术在新一代的人们当中似乎很难激发出自豪感和爱国热情。

重新阐释印刷术，回顾我国光辉灿烂的文化传播史，将根植于中华民族5000年之久的文化底蕴发掘出来，传递给国人，传播给全世界，是一件很有意义的事情。

从技术上对印刷术进行定义，古今是有区别的。今天，站在历史的高度来概括，印刷术从它起源开始直至通讯技术出现之前，它一直代表着一种技术手段——

传播文化、推动文明发展的唯一的技术手段。从这样的角度，按照古代印刷术所起到的社会作用来定义今天的印刷术，我们可以将它理解为各种传播方式的集合，这是一种广义的宽泛的印刷概念。当代人通常还是将印刷术定义为与广播、电视、网络等多种传播手段并重的一种传播手段。随着科技日新月异的发展，将来印刷技术同样面临着跨媒体整合的趋势，因此，印刷术概念的延伸势不可挡。

本书是一部适合科研、科普工作者以及大中学生阅读的科普读物。它将中国印刷术起源的历程呈现给读者；将印刷史上雕版、活字、信息处理技术这三次技术创新，用通俗的语言介绍给读者。希望本书有助于人们学习和研究我国的印刷传播文化，了解印刷术对中华文明、世界文化发展的贡献，增强民族自信心和自豪感；希望人们能借本书铭记历史上对印刷术的发明创新有过不朽贡献的先驱——蔡伦、毕昇、王祯、王选……更希望本书能激励后人为中国的科技创新作出努力。

未来，中华儿女还将不断创造新的光荣，续写文化传播史的新篇章。

目　录

第一章

印刷术的含义

第一节

印刷术与大印刷观

印刷术是中国古代发明创新遗产的代表。它的发明、发展和向世界的传播，对人类文明和社会进步作出了巨大的贡献。有着长达 2000 年历史的印刷术，在岁月的长河中不断地进步演变，使得人们对于印刷术的概念逐渐变得模糊起来。所以，首先让我们通过引经据典来了解什么是印刷术。

《辞源》："依一定的方法作文字和其他之形状，制成印版，用色墨压印之，同时可成为多数之本。"

《印刷技术术语标准》："使用印版或其他方式，将原稿上的图文信息转移到承印物上的工艺技术。"

《汉语大词典》："把文字、图画等做成版，涂上油墨，印在纸张上。"

《现代科学技术词典》："把油墨从印版表面转移到纸(或其他

據近世文明言，生活之物質原件共有五種，即食、衣、住、行及印刷也。印刷工業爲近世社會之一種需要，人類非此無由進步。

孫中山

孙中山先生在他的巨著《建国方略》之一《实业计划》中对印刷术的评价

材料)上以复制图像或文字的任何方法。”

以上工具书中,对于印刷术的表述都略有不同。但我们还是能总结出共同的三个要素:一是印版,二则是印墨,三是承印物。

印刷术是一门工艺技术,属于科学技术的范畴。科学技术的不断创新,必然导致印刷术含义的更新。现代社会中数字技术和网络技术与印刷技术的结合更是颠覆了印刷术的传统定义。喷墨印刷和网络出版的出现使得传统定义中的印版和压印两大要素显得苍白无力。因而,今天我们对印刷术的定义应当更加宽泛和更多包容。全面地认识印刷术的含义,需要从不同的角度来理解。

从工艺技术的角度出发，人们通常按照印版的形式将印刷术分为平版、凸版、凹版、孔版四大技术。其中凸版印刷技术包括了雕版印刷术、活字印刷术和柔性版印刷术等。孔版印刷术包括漏版印刷术、丝网印刷术等。平版印刷术则包括石版印刷术、珂罗版印刷术和胶版印刷术等。

从历史的角度出发,印刷术可以分为古代印刷术、近现代印刷术。古代印刷术主要包括凸版印花技术、雕版印刷技术、活字印刷技术、套版印刷技术;近现代印刷术则包括了铅活字印刷术、石印技术、胶印技术、数码印刷技术等等。

从社会应用领域的角度来说，印刷术最主要的应用领域为文化传播领域,一般被通俗地理解为出版物尤其是书籍的复制技术。因而印刷术被全世界公认为“文明之母”。但是实际上不仅如此,印刷术还广泛应用于包装、装潢、织物印花等领域。

以往,人们在研究印刷史的时候,往往是局限于文字出版物的范畴,而忽略了真正的源头。那样,只能算作书籍的印刷史,而并非全面真实的印刷史。从事物发展的规律中,我们就能够理解真正的印刷术的源头,必然源自人们日常生活的需要。因而,实际上今天我们能看到的最早的印刷品是西汉时期的印花织物。

中国印刷博物馆创始人之一的范慕韩先生曾撰文指出:“所谓‘大印刷’概念的提出,主要是针对过去把印刷理解为印书和印报的似已成为习惯的狭窄概念。把印刷工艺和印刷工业从这一小圈子里解放出来,使其真正扩大印刷工艺技术应用的领域，建立起印刷工业的坚实基础，从而增强为社会主义两个文明建设服务的效果。具体讲：把书刊、报纸印刷，工业品印刷，包装印刷，防伪印刷，商业零件印刷的市场联系起来。”

毋庸置疑，大印刷观已经成为一种客观的潮流。我们只有坚持大印刷观，才能更好地理解不同历史时期的印刷技术变革，追溯印刷之源，才能理解印刷术涉及的不同应用领域，以寻求新的拓展。特别是今天，只有坚持大印刷观，才能理解图像处理技术、互联网、数码印刷等跨媒体技术的结合。

第二节
中华印刷之光

以大印刷观进行梳理，中华民族在印刷技术领域光辉的历史足迹便能清晰地呈现出来。

印刷术最早是应用于和人们生活密切相关的日用品上。现存最早的印刷品为长沙马王堆西汉墓出土的印花纱，其印制年代约为公元前 150 年前后。

雕版印刷术是人类的“文明之母”，是世界最为古老的出版技术。雕版印刷术约起源于隋唐之际。通常，雕版特指木雕版。在英文著作中，雕版印刷术也被译为“wood-block printing”。雕版印刷品专指木刻印版的印刷品，而且还是特指凸木雕版。雕刻石版、铁版、铜版等均属于其他凸版印刷范畴。雕版印刷术在中国延续了 1000 多年，厚重的木气和沉沉的墨香熏陶出了中国文人对雕版印刷术的独特情结。

活字印刷术的发明是中国古代印刷史上的里程碑。沈括《梦溪笔谈》曾记载北宋庆历年间(1041—1048 年)布衣毕昇发明活字版的事件，并详细介绍了毕昇的活字版工艺。此后的 900 多年里，又陆续出现了木活字、锡活字、铜活字、铅活字等不同材质的活字印刷技术。活字印刷在雕版印刷之外开辟了一条新的印刷道路，比雕版印刷所用材料、人工、时间和费用都更为节省。

彩色印刷术是伴随着单色印刷术诞生的，它也是中国人民对世界印刷技术发展的一项重大贡献。最早的彩色印刷技术是在一版上刷不同颜色一次印刷出彩色印品，之后发展为每色分别刻版，再逐色套印，而能印出渐变层次的彩色印刷技术约始于明代中期。其原理是根据原稿中的色彩不同深浅，分别刻成印版，然后再逐色套印，最后完成近似于原作的彩色印刷品。

20世纪80年代，王选发明的汉字信息处理技术开启了汉字印刷技术数字化的进程。汉字信息处理技术与激光照排机的结合使中国的印刷技术从此“告别铅与火，迎来光与电”。这是一项当时在全世界领先的自主创新发明，荣获2001年度“国家最高科学技术奖”。王选续写了中华印刷史的辉煌，理当载入史册，流芳百世。

总之，在印刷史上，中国的发明是多方面的，是逐步完善的。这一系列的发明对人类文明和社会进步作出了巨大的贡献。研究历史，以史为鉴，才能立足于过去，推陈出新。人们熟知的应用于当代的胶版印刷技术、数码印刷技术以及网络出版技术，也都将成为印刷术发展历史轨迹中的一个段落。印刷技术的发展正是沿着这样的规律，日新月异，不断地演变，不断地创新。

众所周知，印刷术的故乡在中国。尽管印刷史研究者寥若晨星，但是，古今中外也累积了不少记述印刷术源流的著作。如美国的汉学家卡特早在20世纪20年代就出版了专著《中国印刷术的发明和它的西传》，英国学者李约瑟主持编纂了包括印刷史在内的巨著《中国科学技术史》，著名美籍华人学者钱存训编写了《中国纸和印刷文化史》。国内有张秀明先生的著作《中国印刷史》，上海新四军历史研究会编印的《印刷源流考》，罗树宝先生的《印刷之光》、《中国古代印刷史》、《书香三千年》，张树栋、庞多益、郑如斯先生的《简明中华印刷通史》，曹之先生的《中国印刷术的起源》，潘吉星先生的《中国金属活字印刷技术史》等等。这些著作都着力研究并讲述雕版印刷术和活字印刷术的发明和发展过程。

时至今日，还没有一部专著对我国彩色印刷技术的发明和发展作出全面而系统的介绍。实际上，纵观我国彩色印刷的历史，不仅色彩斑斓，而且硕果累累。

美国学者卡特的著
作《中国印刷术的发明和
》，商务印书馆，

第二章

印刷术的源头

印刷术是一门工艺技术，是一门推动人类社会进程的技术，它的产生必然需要经历长时间的历史文化积淀。首先，无论在古代还是现代，印刷技术所传播的对象分为两大类：图与文。可以这么说，没有图文传播的需要，就没有印刷术的发明。因此，图画和文字的发展是文化传播的基础。其次，一般认为古代印刷技术有三大要素，一是印墨，二是印版，三是承印物。这三大要素的产生和发展成熟是印刷术发明的必要条件。

故而，在进行了一定程度绵绵不断的文化技术积累之后，随着人们生活水平的不断提高，人们在日常生活中审美意识的不断加强，应用于生活装饰作用的印花技术便应运而生，这是最早的印刷术。印花技术以图案为主要复制对象，承印物为纺织品，早期主要是丝绸和麻布。

印花术发明之后，随着纸的发明与完善，再加上佛教传播的需要和科举制度的兴盛，促使了雕版印刷术的发明，从而开创了纸张印本书籍的先河。人类社会从此淘汰了笨重的竹简书、昂贵的帛书，告别了手抄本书，开启了规范、轻便、快捷的印刷品时代。

规范、轻便、快捷是印刷技术的三大宗旨。此后的1500年，不断地改进创新印刷术，成为人类永无止境的追求。而每一次新的技术的发明和应用都为人们带来更加规范、更加低廉、更加快捷的印刷复制品。

第一节
印刷术传播的对象

一、图形图像探源

中国历来有“书画同源”之说：“中国画，起源古，象形字，奠基础；文与画，在当初，无歧异，本一途。”有人认为伏羲画卦、仓颉造字，是为书画之先河，文字与画图初无歧异之分。

有关中国的图画的起源问题，像历史的起源一样未有定论。究竟中国的图画始于何时何地？是何人所创造？这一谜团千年以来一直萦绕在历代美术史研究者的脑海中。

现代考古发掘出土了大量的史前和历史早期图画形象的实物，不断增加着我们对早期图画艺术的了解。中国新石器时代的造型艺术，在彩陶及绘画、陶塑和雕刻方面，均有一定的成就。

石器时代是中国图画的萌芽时期，伴随着石器制作方法的改进，原始的工艺美术有了发展。但在20世纪初，我们所掌握的中国图画的实例还只是那些描画在陶瓷器皿上的新石器时代的纹饰。近年来，在中国的许多省份发现了岩画，使得史学家们将中国绘画艺术的起源推前至旧石器时代。在这些众多的发现中，包括了许多描绘人的图像，有些堪称宏幅巨制。内蒙古阴山岩画就是最早的岩画之一。在那里，我们的先人们在长达1万年左右的时间内创作了许多这类图像，这些互相连接的图像把整个山体连成了一条东西长达300千米的画廊。据推测，是宗教或巫术的感召促使先人们不辞辛劳地创作了这些图像。类似的图像还可以在苏北的连云港孔望山将军崖岩画遗址中见到。将军崖岩画长22米，宽15米，分别凿刻在山坡的西、南、东三侧，画面形象

江苏连云港孔望山将军崖
旧石器时代岩画

包括人面、农作物、鸟兽面、星象和一些符号。岩石上的11个人面像都没有身躯,只有类似禾苗的线条与大地相连,下面还有三角形的根部,好像是一些站在田间的人物,样式奇特。岩画中有3个圆形的太阳,各刻一二十条光芒线。附近还有一条6米多长磨得发白的“银河”,“银河”中许许多多人工凿磨的圆窝,好似天上的点点繁星。有人对3个太阳的角度进行过仔细的测量,认为那是指示冬至、夏至季节变化的标志。此外,还有许多石刻符号,大概是原始社会的石刻文字吧。

新石器时代的岩画与旧石器时代又有所不同。在云南沧源发现的岩画反映了人类的活动,包括狩猎、舞蹈、祭祀和战争。岩画的构图更趋于复杂,所表现的内容也由单个的物体发展为互相关联的具有动感的人。沧源岩画的存在使我们看到了中国图画发展的一个重要时期。沧源岩画中现已发现1000多个岩画图形,其中以人物图像为最多,还有动物、树木、太阳及一些原始表意符号等。

近代,新石器时代的彩陶不断出土,从彩陶上的纹饰和图案反映出这一时期图画的特征。西安半坡遗址和河南陕县庙底沟遗址出土的彩陶代表着仰韶文化的两种不同类型。人面鱼纹是半坡型彩陶最具代表的纹样。通过人面鱼纹可以发现,距今6000多年前的新石器时代仰韶文化的先民们已经有了对人和动物等较复杂形体的基本表达方式,已经能够准确把握人面椭圆形与五官位置、特征的表达,但又不以写实的方法表现,只是一个圆形的近于图案的纹样。

传说黄帝的大臣仓颉,根据天地、山川、鸟兽等形状,创造出中国最早的象形文字,如:⊙代表日,艹代表草等。而所谓的象形文字,就是模仿物体的形状,写形以外也兼具写生,所以也可以说是具备了图画的原始形态。中国文字的结构优美,自然与艺术相互辉映。而且中国绘画对于笔墨非常重视,因此文字与图画之间有一层很深的渊源,“书画同源”之说也有几分合理。

还是传说,中国绘画的始祖,是黄帝的大臣史皇,他创造出中国最原始的图画。主要的源由来自黄帝时代的衣冠制度。如天子的皇冠和天子的龙袍上,仓颉先用文字画出各种图形,而史皇便在衣冠上点缀一些彩色花纹,这就是所谓的“五采之绘”,也可以说是中国最早的图画。所谓“五采”也就是五种色

云南省沧源县新石器时代岩画

鱼形纹是仰韶文化半坡彩陶装饰图形中数量较丰富的一种动物题材纹样

新石器时代仰韶文化类型陶质彩绘。河南省临汝县阎村出土。作者用白色在夹砂红陶的缸外壁绘出鹳、鱼、石斧，以粗重结实的黑线勾出鹳的眼睛、鱼身和石斧的结构，是一件罕见的绘画珍品。现藏于中国国家博物馆彩，在当时就是在服装上描画五种色彩，利用五彩画成“十二服章”。服饰不同的部位，分别绘上不同的图案。太阳、月亮、星辰、山川、两条龙、野鸡等绘于上衣，下装则有杯、水草、火焰、米粉、斧钺、亚字等。不同的图案还代表着不同的寓意，如日月星辰代表照临，山川代表镇压，龙代表变化，米粉代表生活。

绘字的部首为“纟”部，表示用丝会合在一起，而“五采之绘”所用的色彩就是五种颜色。将这些五色的丝会合在一起，做成某种图形，演变成所谓的缝、织等手工技术，简单地说就是今日所称的刺绣。而这样的彩绘应用在当时的土器、木器、竹器、牙角上相当普遍。同时，人们还将这样的花纹雕刻在金属器物上。

我们习惯上把从公元前 21 世纪建立的夏开始，经过商、西周直到春秋、战国的这一时间段统称为先秦。这一时期的器物图案繁荣发展。所谓器物的图案，就是指器物的造型方法及器物表面图案的制作方法，不论是兽体兽角或土木制作的器物，如礼器、乐器、兵器及一般器物皆有图案。而铜器上的花纹与图案更是中国美术史上不可忽略的东西。由于铜器和铁器的相继发明和推广，加上社会分工的进一步扩大，社会生产力显著提高，各种手工业得到了迅速发展。除了为礼教服务的青铜艺术、商周的玉石雕刻及战国的彩漆木雕以外，寓有兴废之诫的庙堂壁画及人物肖像画，受到了先秦统治者的普遍重视。

据文献记载，夏代盛行一种风俗，就是边远地方的居民往往要将珍禽异兽的图像献给朝廷，以表示他们对朝廷的忠贞。于是朝廷就把这些图像镌刻在鼎等器物上，同时还雕刻鬼神与怪兽的图形，最后展示给臣民看，以此加强臣民对朝廷的景仰。这种倾向随着王朝的强大而更加明显，尤其到了周代，周天子曾在宫门上画虎以示威严，同期，还在门墙上画上尧舜和桀纣的肖像，这便是中国最早的壁画。

手绘手刻的图像传播是早期信息传播的重要方式，人类的文明进程与图像的起源和发展密切相关。人类从图像开始记录一切事件，经过了几千年的发展才出现了规范的文字。2000 年前，图像传播的需求成为印刷术发明的动力和源泉，从而诞生了最早的印刷术——印花术。2000 年后的今天，在科技高度发达的当代，图像表意与图像传播依然是传播领域的主题。不同的是，传播的技术手段已经日新月异。

战国时期描金绘银铜马头，
中国国家博物馆藏

二、文字的起源与演变

1.文字的雏形

在早期的传播过程中，人类最早关注的问题之一就是如何使发出的信息效果更为良好，方式更为多样，理解更为容易，同时还要不断地提高自身摄取和辨认这些信息的能力。实际上，在整个历史进程中，人类一直在设法改进其对周围事物信息的接受能力和吸收能力，同时又设法提高本身传播信息的速度和清晰度，并使手段和方法不断创新和多样化。人类早期传播活动的两次飞跃，就是语言的诞生和文字的出现。语言的诞生使得人与人之间的口语传播成为可能，而文字的出现又使得人类创造技术手段来进行文化传播成为可能。

那么，让我们来了解一下文字的发展历程吧。

结绳记事、刻木记事的形式曾在很多古老的民族中使用，以后又出现了采用图形、符号的记事方式，再由图形、符号演变成为文字。世界上的几大文明古国都曾创造出最古老的文字，例如出现于公元前 3500 年的古埃及象形文字和古巴比伦时代苏美尔人的楔形文字。还有在中美洲曾有过古老而辉煌的马雅文明，其独特的象形文字，约形成于公元前 2500 年。印度也是文明古国之一，其古印度文字约起始于公元前 14 世纪。但是，这些古老的文字后来都湮灭于历史的长河中。只有中国古老的汉字文化，从它产生的那一刻起，就不断地发展着、演进着、规范着，一直沿用到现在。因而，汉字是世界上唯一有着 5000 多年历史的文字，它见证着中华文明 5000 年的辉煌与骄傲。

我们能看到的最早的汉字，就是出现在新石器时代的陶器上的象形符号。仰韶文化西安半坡遗址、甘肃省临洮的马家窑遗址、龙山文化山东大汶口遗址，都曾出土过载有符号、图像和象形文字的陶器，其年代都为公元前 4000—公元前 3000 年。这些符号被视为汉字的雏形。

2.甲骨文

1899年在河南安阳小屯殷墟出土的甲骨文，约为公元前 16 世纪殷商之物，甲骨文的发现震惊了整个世界。迄今为止，总计出土的甲骨文有 154600 片之巨。甲骨文约有单字 5000 个，经专家学者的不断研究，已有近 3000 个甲骨

西安半坡出土
的人面鱼纹彩陶盆

大地湾彩陶符号

人面鱼纹图中人嘴的轮廓为“五”字的古字形，即借“五”为“巫”，指明所画为当时的巫师的面孔，因此“巫”可能源于“五”

陶器上的象形文字

文字被识读，尚有 2000 个甲骨文字还没有破译。甲骨文的字形基本上已规范定型，在文字排列上虽还有某些随意性，但文字自上而下成行，自右至左成列的汉字排列形式已粗具雏形。因此它是最早的成熟规范的汉字。

甲骨文发现于清代末年的光绪年间。关于它的发现经过，曾经流传过一个极为有趣的传说。

相传光绪二十五年（1899 年）的秋天，北京城内有一位山东人王懿荣，官至国子监祭酒，因身患疟疾约请太医诊治。太医诊脉后开了一张处方，其中一味是中医经常用以滋精补肾的药材“龙骨”。王懿荣随即打发家人到宣武门外菜市口一家从明代就开始经营的老中药店按方购药。药买回来后，王懿荣亲自打开药包一一审视，无意间发现药包中的“龙骨”上刻有一种与篆文相似而又不太能认识的文字。这一发现使他大为惊讶。王懿荣是当时有名的金石学家，对于古代文字有很深的素养和造诣，“龙骨”上的这些奇异的古代文字，引起他极大的兴趣。他寻根问底，查明来历，专门派人又到那家中药店将所有带有文字的“龙骨”全数买回。王懿荣对这些带字的“龙骨”进行了精心研究，初步断定这些“龙骨”上面所刻写的文字，原来是比当时已知的各种较早的古文字还要古老的文字，它们也根本不是什么“龙骨”，而是商代占卜用的兽骨。举世闻名的甲骨文就是在这样偶然的机会中被发现了。

经过许多学者专家考证研究，甲骨文连同其骨片其实是商代占卜用的工具。当时的人们在占卜之前，先把龟甲和牛肩胛骨锯削整齐，然后在甲骨的背面钻出圆形的深窝和浅槽。占卜时，先把要问的事情向鬼神祷告述说清楚，接着用燃烧着的木枝，对深窝或槽侧烧灼，烧灼到一定程度，在骨片的相应部位便显示出裂纹来。随后，占卜者根据裂纹的长短、粗细、曲直、隐显，来判断事情的吉凶、成败。占卜后，便用刀子把占卜的内容和结果刻在卜兆的近处，这就是卜辞。刻有卜辞的甲骨被当做档案资料妥善收藏在窖穴中，遂得以流传于后世。甲骨文发现的故事，后来被人们称为“一片甲骨惊世界”的奇迹，在中国和世界考古史上写下了带有传奇性的篇章。甲骨文的发现，震惊中外，并由此而引起对商都殷墟的发掘，中国近代考古学从此诞生。

“甲骨文之父”王懿荣画像

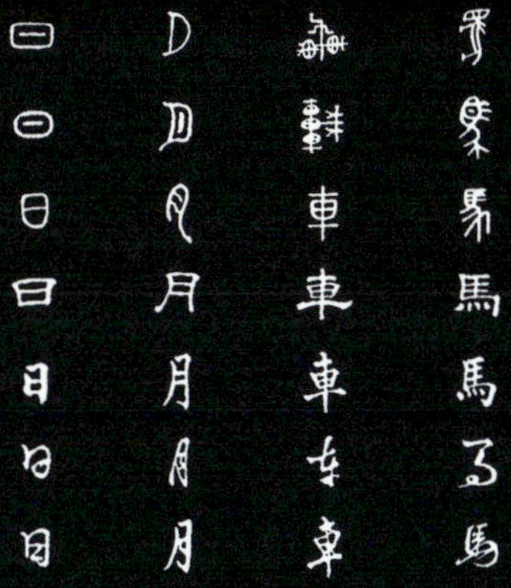

汉字的演变

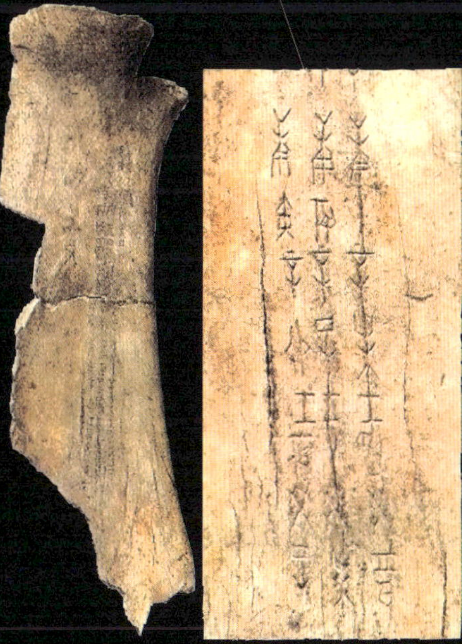

商代甲骨文之牛骨

三、汉字的发展演变

大篆形成于西周，今天人们能看到的大篆文字，多记载于青铜器上，这就是我们平常所说的“金文”。青铜器出现于商代后期，到西周，青铜器冶炼铸造工艺已达到很高的水平。铸于青铜器上的铭文大多为200~300字。有的字数更多，例如西周的毛公鼎，有铭文32行，共499字，为西周铭文最长的一件青铜器。史墙盘为西周中期的青铜器，盘心有铭文18行，共284字。西周青铜器出土数量较多，其铭文的内容对研究当时的社会历史有着重要的价值。西周青铜器铭文字体为典型的大篆，代表了汉字演进过程中一个重要的阶段，具有很高的书法艺术价值。

和甲骨文相比，西周青铜器铭文的排列更加规范统一，文字自上而下成行，自右至左成列，已基本定型，成为以后近2000年汉字书写的基本定律。后来发明的雕版印刷术，也按照这个原则刻版印刷。

公元前3世纪后期，秦始皇下令改革统一文字，推行笔画更为简化的文字，这就是小篆。公元前219—公元前211年，秦始皇巡游各地，曾于峄山、泰山、琅琊台、芝罘、碣石、会稽等处刻石，这些石刻文字为李斯用小篆体书写。秦代石刻大多失传，只有少数几种拓片流传至今。

西汉时，汉字进入隶书时代，字体更为简化、规范。流传至今的简帛和石刻上，都留下不同风格的隶书。

东汉末期，出现楷书，从而完成了汉字书体的发展和演变。今天我们看到最早的楷书，是三国时钟繇的《宣示表》。以后的王羲之的书法达到很高的水平，被称为书圣。隋唐时，书法进入黄金时代，欧阳询、虞世南、颜真卿、柳公权等，都为一代书法大家。印刷术发明后的很长一段时期，楷书一直是雕版印刷的主要字体。

从汉字的演变中我们可以看出，文字是在图像和象形符号的基础之上逐步规范和定型的。即先有图形符号，后有文字。印刷术也是根据这样的规律沿着两条脉络发明和发展的。首先出现的是图形图像复制技术，随后，在图像复制技术基础之上又出现了文字信息复制技术，最终融会贯通，图文合一。

第二节
印刷术三要素

传统的印刷术具有三大要素，一是印版，二是印墨，三是承印物。只有三大要素发展齐备，印刷术才有可能诞生。不同的印版制作方式，不同种类的印墨应用或者不同材质的承印物都演变出不同工艺类型的印刷术。让我们先来了解印刷术三要素的早期形态。

一、印版

印版是古代印刷术的第一要素。印版是印刷过程中作为印刷对象的图文信息的中间载体。印版可以采用不同的材质，如铜板、铅板、木板、石板等。古代印刷术中印版上的图文部分一般是凸起和反向的。所以，古代印版制作中最重要的技术就是雕刻技术。商周时期青铜器上的图文雕刻以及历代传承的印章雕刻，最能体现出早期雕刻技术的发展演变。

1.青铜器

图像、文字的雕刻，在中国有着悠久的历史。新石器时代的陶器上，就有雕刻的符号。公元前 16 世纪的甲骨文就是先写后刻的。因此甲骨文也属于锲刻文字。此后，图像和文字的雕刻技艺历代传承，越加娴熟精良，为印版的发明提供了成熟的技艺条件。

商周时代的青铜器都有装饰图案，这种图案是由原始社会后期的陶器装饰图画发展而来的。目前，遗存的商周青铜器中数以万计的铜器留有铭文，这些文字，现在一般叫金文。青铜器的铭文，文字以铸成者为多。凹入的字样，称为阴文，少数文字凸起，称阳文。商代和西周，铭文大都是铸成的。但是铸造之前需要雕刻泥范。陕西省岐县出土的西周宣王时的“毛公鼎”，是铸鼎类器物的杰出代表，现藏于台北“故宫博物院”。该鼎铸有铭文 32 行，共 499 个字，可称为当时举世罕见的鸿篇巨制。东周青铜器的花纹呈网状四方连续，说明采用了花版捺印技术，比过去完全手工雕刻范模的工艺前进了一大步。可以说，商代和西周青铜器铭文几乎都是铸成的。西周晚期开始出现雕刻的铭文。到

汉轪侯家丞封泥，湖南长沙马王堆出土

史墙盘，陕西扶风出土，为西周恭王史官墙所作的礼器，内底铸有铭文 18 行 284 字

汉代印章，金龟钮印

战国中期，大多数铭文已经是刻制完成。河北省平山中山王汉墓的三件极为典重的礼器，都是锲刻而成，其刀法异常圆熟，有很高的艺术价值。

商周时期青铜器的铸造与雕刻，与印版的起源有着密切的联系。通常在浇铸之前要制造泥范，其器物上的图纹、铭文都需要刻在泥范上，这需要高超的雕刻技术。浇铸出的图案纹饰和文字，是凹形正向的，而泥范上的图文则需刻制成凸形反向，这与后来刻制印版的工艺是十分相似的。

从工艺技术的角度来说，商周时期铜质印版的制作技术已经完全具备。当然，印版制作技术的形成，只是为后来印刷术的发明奠定了一定的基础。至于何时将此种工艺移植于印刷技术中，还需要等待许多条件，例如另外两大要素即印墨、承印物的发展成熟以及社会需求等因素。

2.印章

中国古玺起源于劳动工具——印模。河南舞阳贾湖史前聚落遗址出土的十字形陶印(模)、河南渑池郑窑第三期文化遗存所出的田字边款圆窝纹陶印(模)是古玺的雏形，距今已 8000 余年。

商代开始出现了类似于后来印章的一种“印模”，是当时铸造青铜器时在上面铸印图案和徽记所用的“模子”。凡在金铜玉石等素材上雕刻的文字都称之为“金石”，玺印也包括在“金石”里。古玺是先秦印章的通称。它的起始期，应在夏商周三代。山东潍坊龙山文化遗址出土的“草字双印红陶罍”颈部压印的两个同文印迹，证明夏代已开始使用文字玺。《后汉书·祭祀志》记载：“自五帝始有书契。至于三王，俗化雕文，诈伪渐兴，始有印玺，以检奸萌。”

印章起初只是作为商业上交流货物时的凭证。秦始皇统一中国后，印章的用途又有了扩大，成为一种权力的象征。不同的权力阶层掌握不同的印章。

在纸张出现以前，文书大都写在竹木简牍上，为避免简牍散失，需密封文书内容，就在写好的简牍外，再加上一块挖有方槽的木块并用绳子捆扎，把绳结放入方槽内，加上一块软泥，用印在泥上按捺出印文。这种干后硬化的软泥，就是今天我们看到的“封泥”。由于软泥被按捺后，是以立体文字呈现出来，因此印章不需要涂刷色料。我们看到，出土的汉代前的印章印面大都很光洁，没有任何染料的残留。另有一些特大的印，上面可插入木柄，可能是专门用来烙在马身上作为印记的，也有可能为大件物品发送的封用印记。东汉以后，纸的运用日益普遍，印章才演变为蘸上色料，钤盖在纸上的形式。

晋代著名炼丹家葛洪（284—363 年）在他所著的《抱朴子》中提到，魏晋时期，道家就有一种刻有 100 多字的木制大印章，用来封泥辟邪。这种容载字数较多、幅面较大的印章，更为接近于雕版印刷术中的印版的形式。

印章的图文一般为反向阳文，涂上色料盖印后，便可快速取得图文的复制件。因而，人们通常认为印章对印刷术的发明具有启示作用。实际上，印章就是印刷术中印版的最初形态。只是印章更具私密性，它的作用在早期主要作为权力或者个性的象征，而不是用来广泛复制与传播。

二、古代的颜料与墨

印墨是印刷术的主要原材料之一，印版上的图文通过墨转印到承印物上。印墨对于印刷术的发明，是必不可少的条件之一。

古代印刷工艺中所使用的印墨和颜料是同一个概念。一般来讲，中国古代将黑色颜料称为墨，与之对应，彩色的则称为颜料。所有颜料都可以用于印刷。中国墨的历史源远流长。追溯墨的起源，可分为天然墨和人工墨两类。天然墨包括矿物颜料和植物颜料，主要用于彩色绘画和织物印花。人工墨则主要指黑色的墨，主要用于书写和雕版印刷。

1.古代矿物颜料

人类最早用于着色的颜料是红色的赤铁矿和黑色的磁铁矿等矿物质，这些五颜六色的石块很容易从自然界取得，不需要经过复杂的处理就可使用。在中国陕西临潼距今 5000 多年前的姜寨遗址中，曾发掘出一块盖着石盖的石砚，掀开石盖，砚面凹处有一支石质磨棒，砚旁有数块黑色颜料以及灰色陶质水杯，一共五件，构成了一套完整的彩绘工具。这说明，我们的祖先已经认识到，在涂色前需把矿物质粉碎、研磨，磨得越细，颜料的附着力、覆盖力、着色力就越好。我们把这种利用各种矿物颜料给服装着色的方法称为矿物染。矿物染的最早记载出现于商周时期，战国时期的古书《尚书·禹贡》上就有关于“黑土”、“白土”、“赤土”、“青土”、“黄土”的记载，说明那时的人们已对具有不同天然色彩的矿物和土壤有所认识。我国古代主要矿物的颜料有：红色的赤铁矿和朱砂、黄色的石黄（雄黄和雌黄）、绿色的空青、蓝色的石青、白色的胡粉和蜃灰、黑色的炭黑。

矿物颜料朱砂在新石器时代就已经开始应用了。朱砂，古时称作“丹”，其主要化学成分是硫化汞，在我国湖南、贵州、四川等地都有出产。用这种颜料染成的红色非常纯正、鲜艳。《史记·货殖列传》中记载着一位名叫清的寡妇，其祖先在四川涪陵地区挖掘丹矿，世代经营，成为当地有名巨贾的故事。由此可见，在秦汉之际，这种红色颜料的应用广泛。1972 年，长沙马王堆汉墓出土的大批彩绘印花丝织品中，有不少花纹就是用朱砂绘制成的，这些朱砂颗粒研磨得又细又匀，藏于地下时间虽长达 2000 多年，但织物的色泽依然鲜艳无比。可见西汉时期炼制和使用朱砂的技术水平是相当高超的。

东汉之后，为寻求长生不老丹而兴起的炼丹术，使中国人对无机化学的认识有了很大提高，并逐渐开始运用化学方法生产朱砂。为与天然朱砂区别，古时的人们将人造的硫化汞称为“银朱”或“紫粉霜”。其主要原料为硫黄和水银(汞)，是在特制的容器里，按一定的火候提炼而成的，这是我国最早采用化学方法炼制的颜料。人造朱砂还是我国古代重要的外销产品，曾远销至日本等国。

2.天然植物染料

使用天然的植物颜料给纺织品上色的方法，一般称为“草木染”。新石器时代的人们在应用矿物颜料的同时，也开始使用天然的植物染料。人们发现，花果的根、茎、叶、皮都可以用温水浸渍来提取染液。经过反复实践，古人终于掌握了一套使用这种染料染色的技术。到了周代，植物染料在品种及数量上都达到了一定的规模，并设置了专门管理植物染料的官员负责收集染草，以供浸染衣物之用。秦汉时，织物染色已基本采用植物染料，形成独特的风格。东汉《说文解字》中有 39 种色彩名称。这 39 种颜色的名称大多为“纟”旁，完全可以证明最早的彩色技术是应用于纺织品美化装饰的。

中国古代使用的主要植物染料有：红色类的茜草、红花、苏枋，黄色类的荩草、栀子、姜金和槐米，蓝色类的鼠李，黑色类的皂斗和乌柏等等。它们经由媒染、拼色和套染等技术，可变化出无穷的色彩。以靛蓝为例，它是一种具有 3000 多年历史的还原染料。战国时荀况的千古名句“青，出于蓝而胜于蓝”就源于当时的染蓝技术。这里的“青”是指青色，“蓝”则是指制取靛蓝的蓝草。在

天然矿石朱砂

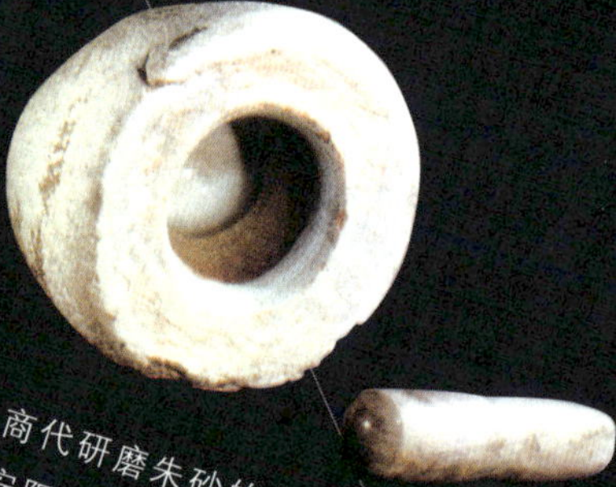

商代研磨朱砂的杵与臼，河南安阳殷墟妇好墓出土

汉丸墨，有磨用过的痕迹。甘肃武威磨嘴子汉墓出土，是现存最早的块状合成墨

秦汉以前，靛蓝的应用已经相当普遍了。战国时期，我国开始使用发酵还原技术将蓝草制成固体颜料，因而使得植物颜料可以广泛而方便地用于印花、绘画等领域。

3.人工墨

现存最早的人造墨的实物，是1975年湖北云梦县睡虎地四号古墓中出土的墨块。该墨块高1.2厘米，直径为2.1厘米，呈圆柱形，墨色纯黑。同墓还出土了一块石砚和一块用来研墨的石头。石砚和石头上均有研磨的痕迹，且遗有残墨，可与《庄子》之“舐笔和墨”相印证。说明早在秦朝以前，中国已经有了人造墨。

1965年，河南省陕县刘家渠东汉墓中出土了五锭东汉残墨。其中有两锭保留部分形体。这两锭残墨呈圆柱形，是用手工捏制成形，墨的一端或两端具有曾研磨使用的痕迹。这两锭尚保留部分形体的东汉残墨和1975年湖北云梦县睡虎地四号墓出土的秦朝或者是战国末期的墨块一起，以实物证明，中国在秦汉时期就已经有了捏制成形的墨锭。换句话说，中国在3世纪之前，就已经有通过一定的工艺方法制成的人造墨在应用了。

中国秦汉时期的墨，有石墨、油烟墨、松烟墨之分。石墨即石油燃烧所制之墨，油烟墨是燃油所获烟炱所制之墨，松烟墨则是燃烧松木所制之墨。

油烟墨的制墨方法，简单地说，是将易燃的烛心放在装满油的锅里燃烧，锅上盖好铁盖或呈漏斗形的铁罩；等到铁盖或漏斗上布满烟炱，即可刮下来，集中到臼里，加入树胶，混合搅拌，使其成稠糊状；将成稠糊状的墨团用手捏制成一定的形状，或放到模具里，模压制成具有一定形状的墨锭，这就是油烟墨的制法。油烟墨的特点是色泽黑亮，有光泽。

松烟墨则是通过燃烧松木来获取松烟粉末，然后与丁香、麝香、干漆和胶加工制成。郑众曾说“丸子之墨出于松烟”；曹植诗“墨出青松烟，笔出狡兔翰”，都说墨是松烟制作的。可见松烟墨应用之广。松烟墨的特点是色乌，无光泽。

三国时的魏国，出了个制墨名家韦诞。韦诞，字仲将，后汉太仆韦端之子，官终光禄大夫，卒于魏嘉平三年（251年），享年75岁。韦诞能书善画，又能制笔，尤精于制墨，在中国历史上享有“仲将之墨，一点如漆”的美誉。韦诞之后的很长的时间，无论书写或印刷，都用韦诞所创的制墨方法制墨，难怪后人都误将韦诞作为墨的发明人了。

韦诞的制墨配方和工艺方法，在贾思勰《齐民要术》卷九中有如下一段记载：“好醇烟捣讫，以细绢筛于缸内，筛去草莽若细纱尘埃。此物至轻微，不宜露筛，喜失飞去，不可不慎。墨一斤，以好胶五两浸涔皮汁中。涔，江南樊鸡木皮也，其皮入水绿色，解胶，又益墨色。可以下鸡子白，去黄五颗，更以真朱砂一两，麝香一两，别治细筛，都合调下铁臼中，宁刚不宜泽，捣三万杵，杵多益善。合墨不得过二月、九月，温时败臭，寒则难干。潼溶见风日解碎，重不过二三两。墨之大块如此，宁小不大。”

从这段记述不难看出，东汉时期的制墨工艺已包括去杂、配料、舂捣、合墨等工序。去杂，是筛去制墨原料烟灰中的杂物，使其成匀细粉末状；配料，是把筛过的烟炱与胶、朱砂、麝香、涔皮等胶和辅料，按配方要求匹配混合；舂捣，是把配好的料置于铁臼中进行舂捣，舂捣次数不能少于 3 万下，越多越好；合墨，即将舂捣过的墨泥按要求制成成品墨。制墨时间要求在每年的二月和九月，此时天气不冷不热，是合墨的最佳时机，因为天热了墨容易变质发臭，天冷了墨块不易干燥。

上面的工艺记述还可以看出，中国古代手工制墨是以水性松烟墨为主的。这种印墨十分适用于以木料为版材，以宣纸为承印物的雕版印刷。

三、承印物——丝绸与纸张

规范、轻便、快捷是印刷技术追求的三大目标，因而印刷术所采用的承印物必须符合这三个目标。纵观人类进步的历史，印刷术发明前，供人们阅读的典籍的形式有：神秘的商代甲骨文、笨重的汉代竹简、工程浩大的熹平石经等等。我们可以分别将这些遗产称为“骨头上的书”、“竹片上的书”、“石头上的书”。不过，无论是甲骨还是石料，无论是竹片还是木牍抑或是青铜器，在古代都不具备符合当时社会技术水平的印刷适性。古代社会，只有丝绸的发明、发展和成熟才为印花技术的发明奠定了基础。继丝绸之后，具备更好的印刷适性的承印物——纸张的发明和成熟为雕版印刷术的诞生打下了坚实的物质基础。

1. 丝绸的发明和发展

中国是世界丝绸的发源地，丝绸也是我国古代先人的一项创造发明。早在公元前 5 世纪，中国丝绸就经过“丝绸之路”远播海外。中国丝绸以家蚕丝为主要原料。从蚕茧得到的丝纤维在缫丝时多根相合，形成生丝。生丝经并丝、捻丝等工序，加工成各种形式的丝线，然后用于染色和织造，形成织物。丝织物还可以再经过印花和刺绣得到进一步的装饰。在中国，从远古就流传着许多神话故事，直接反映了养蚕和丝绸的生产。

“蚕神献丝”是著名的神话故事之一。传说 4000 多年前，有一位名叫轩辕黄帝的部落首领，在举行庆功会时，一位美丽的姑娘突然从天而降。她手捧着一束黄色的和一束银色的蚕丝，并把它献给了黄帝。黄帝高兴极了，他立即派人把它织成轻软如云的绢绸。这位献丝的姑娘，就被人们尊为蚕神。

“先蚕娘娘嫘祖”也是一个广泛传播的故事。黄帝战胜蚩尤以后，带领大家种五谷，驯养动物，同时，把做衣服的事交给了他的正妃嫘祖。嫘祖由于做衣服劳累过度而病倒。几个在她身边守护的女子决定上山摘些鲜果给嫘祖吃。她们在桑树林里发现树上结着许多白色的小果。但奇怪的是，这小果怎么也咬不烂，倒进锅里用水煮也煮不烂。有人用木棒搅拌锅里的小果，结果木棒上缠绕了不少晶莹夺目的细白丝线。她们把这件稀奇事告诉嫘祖。嫘祖看着木棒上的白丝线，高兴地笑了，病也好了。嫘祖到桑树林里察看，终于发现，这白色小果是一种虫子口吐细丝绕织而成的。于是，人们在嫘祖的带领下，开始了栽桑养蚕的历史。因而，人们尊称嫘祖为“先蚕娘娘”。

古代还有一些文献记载，如“伏羲化蚕桑为穗帛”等。这些古代的传说和记载证明，中国生产丝绸的历史是相当悠久的。

1958 年在浙江吴兴钱山漾遗址中，考古工作者发现了一些丝织品实物，其中包括丝绢、丝带和丝线等。经科学鉴定，这些都是以家蚕丝作为原料纺织而成的。它们是目前所见丝织品中年代最早的实物，可见采桑养蚕，抽丝织锦，在 4700 多年前已经是制作衣料的一种方式。

到了西周及春秋战国时期，几乎所有的地方都能生产丝绸，丝绸的花色品种也丰富起来，主要分为绢、绮、锦三大类。锦的出现是中国丝绸史上的一个里程碑，它把蚕丝的优秀性能和美术结合起来，使得丝绸不仅是高贵的衣

《人物龙凤图》帛画，湖南长沙楚墓出土。这是迄今所知的中国最早的绘画作品

5000多年前的半个茧壳,山西夏县西阴村出土

商代铜器上留存的丝绸残片,出土于河南安阳。这是留存世界最早的丝绸实物

料，而且成为艺术品，大大提高了丝绸产品的文化内涵和历史价值，影响是很深远的。

现存最早的比较完整的丝绸，是1949年湖南长沙陈家大山出土的丝绸帛画，被称作《人物龙凤图》。该帛画质地为平纹绢，高31厘米，宽22.5厘米，右下角画一细腰长裙、侧身作合掌祈祷状的贵族女性，左上角画一对腾飞的龙与凤。

1972年，长沙马王堆西汉墓发掘出土大量的纺织品，引起轰动。其中除少数为麻纤维外，绝大部分是桑蚕丝。经鉴定，织物的丝质好，丝缕均匀，单丝的纵面、表面光洁，与柞蚕丝不同。单丝的横断面呈三角形，与柞蚕丝和野蚕丝都不同，而与现在生产的家蚕丝相似。由此证明，远在3000多年以前，中国人就掌握了饲养家蚕的技术，秦汉时就达到了很高的水平。

《说文解字》中，“纟”旁的字共有267个，纺织品色彩的名称达39种之多，其中绝大多数是“纟”旁的，这反映了丝织品染色技术发达、色谱齐全的同时，也反映了丝绸业在民间的通晓、认知程度。这些丝织品的名称组成了当时的色谱，得到社会的公认。

总之，秦汉时期，丝绸是重要产业，是人们不可或缺的产品。丝绸经济在秦汉时期的社会经济中可谓举足轻重，对社会政治、文化、生活等各个方面都产生了重大的影响。丝绸细密、平整而且适于长期保存，所以，从战国、秦汉到魏晋、南北朝、隋长达11个世纪1100年左右的时间里，中国书画的主要材料都是丝绸。自然，印刷术最早应用于丝绸上也是顺理成章的事了。

2. 纸的发明

纸是中国古代四大发明之一，也是人类文明史上一项最杰出的成就。纸作为一种新的信息载体在中国率先出现，使中国汉代的文明超越了其他的文明。公元8世纪前后，阿拉伯人才开始用中国的技术和设备造纸。

随着西北丝绸之路沿线考古工作的进展，许多西汉遗址和墓葬被发现，其中也不乏纸的遗物。这些古纸均根据其出土的地点而被冠名。从目前出土古纸自身的年代顺序可以分别排列为：西汉早期的放马滩纸，西汉中期的灞桥纸、悬泉纸、马圈湾纸、居延纸，西汉晚期的旱滩坡纸。

其实，纸的发明是受到丝绸的影响，纸的初意是丝在漂洗过程中积淀的

丝屑，积淀成薄薄的一层，称为纸。由此受到启发，人们再用植物纤维代替丝纤维造纸，成为中国的一大发明。纸字以丝作偏旁部首，正说明了丝与纸的关系。

东汉时期的蔡伦，字敬仲，东汉桂阳(今湖南耒阳)人，永元九年(97 年)任中常侍兼少府尚方令。那时，造纸术虽然已经发明，纸张却只在民间流传。由于质量问题，纸张难登大雅之堂，不少文人雅士并不看好纸张。蔡伦看到了纸张取代简帛的前景，认真总结了前人的经验，他认为扩大造纸原料的来源，改进造纸技术，提高纸张质量，就可以使纸张被大家接受。蔡伦首先使用树皮造纸。树皮是比麻类丰富得多的原料，这可以使纸的产量大幅度提高。但树皮中所含的木素、果胶、蛋白质远比麻类高，因此树皮的脱胶、制浆要比麻类难度大。这就促使蔡伦对造纸的工艺技术进行改进。西汉时人们利用石灰水制浆，东汉时改用草木灰水制浆。草木灰水有较大的碱性，有利于提高纸浆的质量。元兴元年(105 年)蔡伦把他制造出来的一批优质纸张献给汉和帝刘肇，汉和帝很欣赏他的才能，立即通令天下采用。这样，蔡伦的造纸方法很快传遍各地。114 年蔡伦被封为“龙亭侯”，民间便将他制作的这种纸称为“蔡侯纸”。

美国作家迈克尔·H·哈特在所著《历史上最有影响的 100 人》一书中，将世界 100 位名人按他们对人类历史和人们日常生活影响的大小排列顺序，蔡伦排在第七位。

蔡伦造纸成功之后，造纸技术和纸张广为流传。东汉末年，东莱人左伯也是一位造纸能手。他造的纸，比蔡侯纸更为白洁细腻。赵岐的《三辅决录》中，提到左伯的纸、张艺的笔、韦诞的墨，说它们都是名贵的书写工具。笔、墨和纸并列，说明纸已是当时常用的书写材料。纸成为竹简、木牍、缣帛的有力竞争者，到了 3—4 世纪就基本上取代了简帛，成为唯一的书写材料。由于纸张的轻便和价廉，有力地促进了科学文化的发展。

东晋末年，豪门桓玄把持朝政。404 年，废晋安帝，并下令以纸代简，简牍文书从此基本绝迹。纸不仅在民间流通，而且成为官方文件的载体。

到隋唐时期，著名的宣纸诞生了。宣纸因出产于宣州府(今安徽泾县)而得名。民间传说，东汉安帝建光元年(121 年)蔡伦死后，其弟子孔丹在皖南造纸，很想造出一种洁白的纸，好为老师画像，以表缅怀之情。后在一峡谷溪边，

蔡伦像。蔡伦字敬仲，东汉桂阳（今湖南耒阳）人

甘肃省金塔肩水金关纸，西汉麻纸，比“蔡伦献纸”早约150年

西汉麻纸，甘肃敦煌马圈湾汉代烽燧遗址出土

偶见一棵古老的青檀树横卧溪上，由于经流水终年冲洗，树皮腐烂变白，露出缕缕长而洁白的纤维。孔丹欣喜若狂，取以造纸，经反复试验，终于成功，这就是后来的宣纸。

宣纸生产的原料是以皖南山区特产的青檀树为主，配以部分稻草，经过长时间的浸泡、灰腌、蒸煮、洗净、漂白、打浆、水捞、加胶、贴烘等18道工序，100多道操作过程，历时一年多，方能制造出优质宣纸。制成的宣纸按原料分为绵料、皮料、特净三大类，按厚薄分为单宣、夹宣、三层夹、罗纹、十刀头等多种。“特种净皮”是宣纸中的精品，具有拉力、韧力强，泼墨性能好等优点，为广大书画爱好者所喜爱。

宣纸不仅成为书写、绘画不可缺少的珍品，更是具备了良好的印刷适性。因而，宣纸的出现极大地促进了雕版印刷术的发明。反过来，雕版印刷术的发明，又大大刺激了造纸业的发展。唐代，造纸区域进一步扩大，名纸迭出，如益州的黄白麻纸，杭州、婺州、衢州、越州的藤纸，均州的大模纸，蒲州的薄白纸，宣州的宣纸、硬黄纸，韶州的竹笺，临州的滑薄纸等等。

第三章

印花技术的发明与汉代印花技术

严格地说，本章所讲述的印花技术的承印物是指纺织品，包括丝绸、麻布。由于以下三方面的原因，我们主要以丝绸印花来代表整个古代织物印花。首先，丝绸是世界公认的中国古代的重要发明之一，西方对中国的认识也是从丝绸开始的。第二，自古以来，丝绸就是最昂贵的纺织品。帝王将相、富豪人家的日常服饰皆以丝绸为主。因此，历代对于丝绸的装饰技术相当重视。第三，丝绸的原材料是蚕丝，与植物原料的麻、棉相比，保存期长，因而无论是考古发掘出土的古代纺织品还是传世珍藏的纺织品，都是以丝绸为主。

第一节 手绘、刺绣、提花等丝绸装饰工艺

人类从来没有停止过追求美的脚步。

手绘是最早的一种装饰手段。考古资料也证明，越是文明社会的早期，手绘在装饰工艺中的比重就越大。原始社会的先民，最

早学会的就是在脸上和身上用矿物颜料涂抹各色花纹,即“绘身”,以显示其族群归属、神灵崇拜、巫术礼仪,或彰显其身份与地位。在中国黄河中上游新石器时代的遗址中,有一些人物造型的彩陶出土,距今约七八千年,其脸部与身上都装饰着丰富的花纹,可以说是远古人类绘身的形象展示。随着文明的发展,人们穿上了衣服,又发明了纺织,原来画在人体上的漂亮纹样被衣服所遮盖,于是直接将画在身上的纹样转移到衣裳上,这就是画缋工艺与服饰纹样出现的契机。

丝绸手绘最早的记载,与中国皇族标记“十二章纹”的起源有关。《尚书·益稷篇》载:“帝曰:予欲观古人之象,日月星辰山龙华虫作绘,宗彝藻火粉米黼黻绣,以五采彰施于五色作服汝明。”古代圣王要治理国家,首先必须要建立一定的法度,规定人的尊卑等级,所谓黄帝“垂衣裳而天下治”。“十二章纹”就是只有圣王才有资格在服装上装饰的 12 种纹样, 后来演变为皇帝龙袍上的专用纹样,一直沿用到清代。对《尚书》中的这段记载,虽然历代学者的句读不一,释义也有差异,但一般认为十二章中,前六章是用手绘、后六章是用刺绣的方法,将纹样以五彩彰施于服装之上的。

成书于春秋末战国初的《考工记》,即《周礼·冬官》,据考证是一部齐国的官书,是记载中国古代手工艺设计与生产技术的重要典籍。该书记载了 5 种“设色之工”,即“画”、“缋”、“钟”、“筐”、“帨”。这里,画指的就是用笔蘸颜料上色绘画,缋是指用彩色的丝线刺绣。手绘作为一门重要的织物装饰工艺被记载于《考工记》这一儒家经典之中,说明当时有相当一部分衣物是用手绘装饰的。

我们还能从考古实物中发现手绘丝绸的痕迹。早期如商代安阳殷墟妇好墓中,发现了不少朱砂涂染的绢织物的痕迹,其中可以明显辨认的有 9 例,多黏附在一些贵重、精致的大型器物上。西周早期墓葬的丝织品上也发现过朱砂涂染的痕迹,只是不能辨认出是否有手绘图案。

中国现存最早的两幅帛画, 均为湖南长沙战国时期的楚墓所出: 一是1949年湖南长沙陈家大山 1 号墓出土的《人物龙凤图》,二是 1973 年长沙子弹库 1 号墓出土的《人物御龙图》。《人物龙凤图》高 28 厘米,宽 20 厘米。画中一位妇女作合掌状。妇人头上部,画有龙与凤鸟。这是一幅带有迷信色彩的风俗画。《人物御龙图》高 37.5 厘米，宽 28 厘米，画一危冠长袍、侧身佩剑的贵族男性，头顶华盖，驾驭着舟形巨龙，龙尾立一鹤，龙身下画一尾鲤鱼。从出土情况看，帛画上端缝裹细竹篾，并系丝绳，其用途应为殡葬仪式中高举的旌幡，是一种丧葬礼仪用品。画中内容为想象墓主升入天国的情景。时代稍后的长沙马王堆西汉墓，也出土了 2 块 T 字形帛画，全长 2 米左右，构图基本相同，分三段表现了天上、人间、地下的景象。上段描绘日月、升龙及人面蛇身的伏羲女娲等天上境界，中段绘墓主出行、宴飨等人间生活，下段绘神怪、蛇龙、鱼、龟等地下生物。从内容与形式看，也是丧葬用的旌幡，其主题思想同样是引魂升天。旌幡的质地都是平纹绢，画法都是以淡墨起稿，然后设色，最后再用墨勾轮廓线。帛画线条细劲流畅，设色以平涂为主，局部辅以渲染，使用的主要是矿物颜料，有青黛、藤黄、朱砂、土红、银粉等色，鲜艳夺目。除此以外，山东临沂金雀山汉墓中也有帛画出土，内容相似。

随着技术与文化的进步，刺绣、提花、印花等工艺先后问世，织物装饰有了更多的选择，丝绸手绘不再是唯一的一种装饰手段。

从商代起，中国就出现了简单的提花技术，能织出回纹等花地同色的几何纹样。到战国时，已经出现了织锦技术，用五彩丝线织出更为复杂的图案，如湖北荆州马山一号战国楚墓出土的舞人动物纹锦就是这一技术的代表。因此，最晚从战国起，贵族用五彩图案装饰的高档衣物，已经采用更为复杂的织锦或者刺绣，以显示其身份地位。

1982年春，在湖北江陵县城西北 21 千米处，发掘到 2300 余年前的战国楚墓——马山砖瓦厂 1 号墓，出土了大量精美的丝织品，有平织的各式绢、纱，有绫织透明的罗，还有彩锦。墓主穿着十余件各种丝织品的衣服，棺内还覆盖着六床锦和绣着花纹的丝质被子。工艺最精的是各种刺绣与织锦相结合的锦绣织品。在一件罗纱单衣上，绣上了数十对对称的猛虎，正在奇山怪石中追逐猎物，栩栩如生。虎纹由正面绣出，反面很难看出针迹，近似现代苏州的双面绣。中国自古有“锦绣河山”一词，就是借丝绸中的“锦绣”来比喻祖国河山之美的。难怪这座罕见的楚墓被誉为“世界丝绸宝库”。

字形帛画，
王堆出土

，湖北江陵

第二节
印花工艺的起源与发展

印花技术发明的年代已经无从考证，但我们可以肯定的是，从手绘到印花，人类走过了上千年的历史。我们目前只能根据存留于历史长河中的斑驳印迹来探寻印花技术的历史变迁。

一、从矿物染色到植物染色

中国古代先民很早就利用矿、植物对纺织物进行着色，并在长期的生产实践中，掌握了各类染料的提取、染色等工艺技术，生产出五彩缤纷的纺织品。这些纺织品，不仅是古人的生活用品，也是富有民族风格的艺术品，在世界上享有很高的声誉。

早在六七千年前的新石器时代，人类的祖先就能够用赤铁矿粉末将麻布染成红色。居住在青海柴达木盆地诺木红地区的原始部落，能将毛线染成黄、红、褐、蓝等色，织出带有条纹色彩的毛布。中国古代将原色青、赤、黄、白、黑称为“五色”，其中原色白可以用天然矿物绢云母涤染，但主要是通过漂白的方法取得。漂白生丝只要用强碱脱去丝胶即可。漂白麻，在古代则多用草木灰加石灰反复浸煮。元代著作中记载了漂白宣麻的“半浸半晒漂白法”，即将用石灰煮过的宣麻缕摊开在平铺于水面的苇帘上，“半浸半晒”多日，直到麻缕极白为止。这是利用日光的紫外线在水面由于界面反应产生的臭氧对纤维中的杂质和色素进行氧化，从而起到漂白作用。在此前后，还发明了硫黄熏蒸漂白的方法。在中国，染赤色最初是用赤铁矿粉末，后又用朱砂（硫化汞），但用它们染色牢度较差。

周代开始使用茜草，它的根含有茜素，以明矾为媒染剂可染出红色。青色，也是从蓝草里提取的靛蓝染成的。能制靛蓝的草有好些种，古代最初是用马蓝。春秋战国时已能用蓝草制靛染青色。6 世纪，北魏的贾思勰在《齐民要术》中详尽地记述了用蓝草制靛的方法，这是世界上最早的制造蓝靛的工艺操作记载。黄色染料早期主要用栀子。栀子果实中含有“藏在酸”的黄色素，是一种直接染料，染成的黄色微泛红光。古代染黑色的植物主要用栎实、橡实、五倍子、柿叶、冬青叶、栗壳、莲子壳、鼠尾叶、乌桕叶等。

这里着重介绍一下红花和靛蓝这两种染料的制作过程。

1.红花

红花(又名红蓝草)可直接在纤维上染色,故在红色染料中占有极为重要的地位。红色是隋唐时期的流行色,唐代李中的诗句“红花颜色掩千花,任是猩猩血未加”,形象地概括了红花非同凡响的艳丽效果。根据现代科学分析,红花中含有黄色和红色两种色素,其中黄色素溶于水和酸性溶液,无染料价值;而红色素易溶解于碱性水溶液,在中性或弱酸性溶液中可产生沉淀,形成鲜红的色淀。

古人采用红花泡制红色染料的过程如下:将带露水的红花摘回,经“碓捣”成浆后,加清水浸渍,再用布袋绞去黄色素(即黄汁),这样一来,浓汁中剩下的大部分为红色素。最后用已发酸的酸粟或淘米水等酸汁冲洗,进一步除去残留的黄色素,即可得到鲜红的红色素。这种提取红花色素的方法,古人称之为“杀花法”,该方法在隋唐时期就已传到日本等国。如要长期使用红花,只需用青蒿(有抑菌作用)盖上一夜,捏成薄饼状,再阴干处理,制成“红花饼”存放即可。待使用时,只需用乌梅水煎出,再用碱水或稻草灰澄清几次,便可进行染色了。“红花饼”在宋元之后得到了普及推广。

2.靛蓝

靛蓝,是一种具有3000多年历史的还原染料。在秦汉以前,靛蓝的应用已经相当普遍。

中国人在长期实践中,逐渐摸索出制取靛蓝的关键技术,从而打破了蓝草染色的季节限制。古人的造靛方法如下:先将刈蓝倒竖于坑中,加水过滤,将滤液置于瓮中,按比例加入石灰,再用木棍急剧击水,加快溶解于水中的靛甙与氧气的接触,使之氧化成为靛蓝水。沉淀后,将水除去,等靛蓝完全干燥,即可将其盛到容器内,制成蓝靛。这种造靛和染色的技术,与现代合成靛蓝染色的机理是完全一致的。与红花一样,蓝草也可制成固体染料:先制成泥状的靛蓝,待染色时,用酒糟发酵,发酵过程中产生的氢气、二氧化碳可将靛蓝还原成靛白。用靛白染成的白布经空气氧化,又可显现出蓝色。靛蓝的这种发酵还原技术在春秋战国时期已开始使用,而且这种古老的方法至今仍在沿用。

红花又名红蓝草，在古代红色染料中占有极为重要的地位

制取靛蓝的蓝草。在秦汉以前，靛蓝的应用已经相当普遍了

东汉延年益寿大宜子孙彩色锦袜，新疆民丰出土

大约在公元前100年，印度始制成靛蓝。与中国不同，他们采用尿发酵法染蓝。3000年来，靛蓝一直作为主要的蓝色染料应用于绘画和织物印花、雕版印刷领域。

各种染料均有其着色原理，矿物颜料和植物染料虽然都是色料，但它们的着色原理却是不同的。矿物颜料着色是通过黏合剂使之黏附于织物的表面，但颜色遇水即容易脱落。植物染料则不然，染制时，其色素分子是通过与织物纤维亲和而改变纤维的色彩，所着之色虽经日晒水洗，均不易脱落。

染色工艺成熟的标志就是植物染料的应用。

二、从染原色到套色

进入商周以后，中国先民已经掌握了利用多种矿物、植物染料染色的技术，这是中国最早的、具有相当水平的染色技术。随着以丝绸生产为主的染织业成为社会生产的一个相当重要的行业，草木染色得以迅速发展。在甲骨文和金文中，有不少与染织、服饰有关的文字以及完整的卜辞和铭文。《诗经》中，用葛、麻、桑、蚕、丝、帛来比拟的诗句很多，这些都说明当时的染织在生活中已经非常普及了。《周礼》中有掌“染草”之职：“掌以春秋敛染草之物，以权量之，以待时而颁之。”先秦的著作中还记载了西周时期关于织物标准的严格规定，采用锦鸡羽毛作为染色色标等技术管理的方法以及负责染、织、服的分工、管理官员的情况。这种用锦鸡羽毛做成的天然色标和今天的大型广告公司、印刷厂常用的印刷标准色谱所起到的作用是相同的。

随着染色技术的不断提高，人们开始广泛采用含有单宁酸的植物染料，用媒染法染黑，媒染剂为青矾(盐铁类化合物)。靛蓝在这一时期也得以广泛应用，人们已经懂得用酒糟发酵，可以随时将沉淀了的蓝泥再还原出来染色。茜草是当时染红色的主要染料，但茜草不加媒染剂就不易在纤维上着色，若以明矾为媒染剂即能得到鲜艳的红色。像茜草这样的媒染性染料还有一些，可作媒染剂的除明矾外也有好几种。媒染性染料和媒染剂的使用，丰富了颜色品种，在染色技术上是个重大的突破。

一些出土文物表明，周代时已经创造出了套染，即将织物分几次浸入溶有一种或多种不同色彩染料的容器内，从而得到某一颜色的不同深度的近似色或其他各种新的颜色。《考工记》有“三入为纁，五入为緅，七入为缁”的记载，指的就是这种方法。意思是：三次进入红色染料为纁（深红色），再在黑色染料中浸染二次为緅（带红光的浅黑色），继续浸染二次则为缁（深黑色）。《荀子·劝学篇》说：“青，取之于蓝，而青于蓝。”意思是用蓝草制成的靛蓝经过多次浸染可以染出更青的颜色来。这种多次浸染的套色法，直到近代中国染色手工业还多有沿用。

汉代染色技术达到了相当高的水平。湖南长沙马王堆、新疆民丰等汉墓出土的五光十色的丝织品，虽然在地下埋葬了 2000 多年，但色彩依旧鲜艳。当时染色法主要有两种：一是织后染，如绢、罗纱、文绮等；二是先染纱线再织，如锦。1959 年新疆民丰东汉墓出土的“延年益寿大宜子孙”、“万事如意”、“阳”字锦等，所用的丝线颜色有绛、白、黄、褐、宝蓝、淡蓝、油绿、绛紫、浅橙、浅驼等，充分反映了当时染色、配色技术的高超。随着染色工艺技术的不断提高和发展，我国古代染出的纺织品颜色也不断丰富。有人曾对吐鲁番出土的唐代丝织物作过色谱分析，共有 24 种颜色，其中红色有银红、水红、猩红、绛红、绛紫，黄色有鹅黄、菊黄、杏黄、金黄、土黄、茶褐，青蓝色有蛋青、天青、翠蓝、宝蓝、赤青、蓝青，绿色有胡绿、豆绿、叶绿、果绿、墨绿等。这是在掌握了染原色的方法后，再经过套染得到的不同的间色。

第三节 印花工艺的种类

织物上的装饰手段经历了从染色、画花、缀花（绣花）、提花到手工印花的转变。印花是指将染料按照设计好的花色印在织物上的一种工艺，是世界上最早的印刷方法。它与后来人们尊崇的“文明之母”的印刷术在概念上的主要区别是它以图案为主要传播内容，以装饰为目的，而不是以文字信息为主要内容，以传播文化为主要目的。但是，毫无疑问它是一门印刷技术，是雕版印刷术的前身。即使是当今数码技术主导的现代社会，印花技术也还在不断地发展与进步。

古代的印花工艺分为直印、拔染、防染三大类型。印花织物的功用主要是服饰品，它与普通帛画在工艺上的主要进步，是印花技术的应用使得丝绸图案能较为快速、准确、统一地进行大量复制。赵丰先生主编的《中国丝绸通史》一书中将古代丝织品印花工艺作了非常详细的分类，如下页图所示。

一、直接印花

将各种颜色的花形图案直接印制在织物上的方法即为直接印花。印花色浆由染料（或颜料）、吸湿剂、助溶剂等与原糊调制而成。染料可根据纤维性质、图案特征、染色牢度要求和设备条件而定。不同纤维的织物直接印花的染料、色浆和工艺条件要求不尽相同。

一般情况下，如果织物底色为白色或大部分为浅色，且印花图案从背面看起来要比正面颜色浅，那么我们就可以判定这是直接印花织物。对于特别轻薄的织物，由于印花色浆渗透力很强，所以无法按这种方法来判断。木戳印花、铜模印花、凸版拓印都属于直接印花工艺。

直接印花技术不仅是古代最早出现的印花技术，也是应用最广泛的印花技术，即使是在当代，直接印花也是纺织品印花中的主流技术。

二、拔染印花

染有地色的织物用含有可以破坏地色的化学品的色浆印花，这类化学品称为拔染剂。拔染浆中也可以加入对化学品有抵抗力的染料。如此，拔染印花可以得到两种效果，即拔白和色拔。

拔染印花通过两步进行：第一步，将织物匹染成单色；第二步，将图案印在织物上。第二步中的印花色浆含有能破坏底色染料的强漂白剂，因此用这种方法能生产蓝底白圆点图案的花布，这种工艺叫拔白。当漂白剂与不会同它反应的染料（还原染料属于这种类型）混合在同一色浆中时，可进行色拔印花。因此，当一种合适的黄色染料（如还原染料）与无色的漂白剂混合在一起时，就可在蓝底织物上印出黄色圆点图案。

因为拔染印花的底色是先采用匹染方式上色的，如果同底色是被印上去的满地印花比起来，底色的颜色要丰富且深得多。这是采用拔染印花的主要目的。

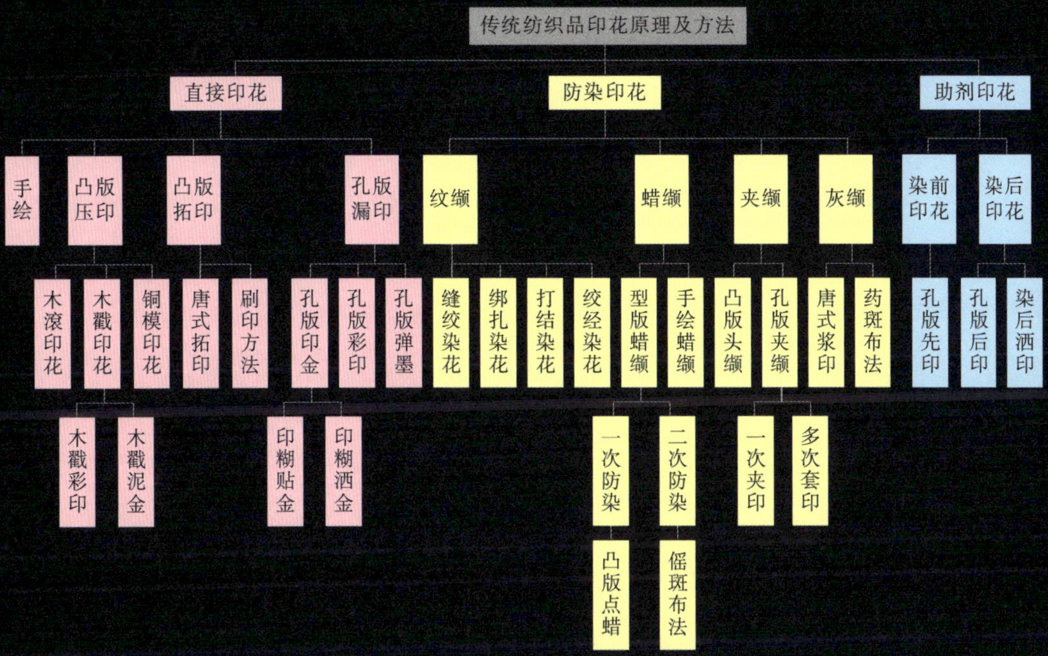

古代印花工艺分类，摘自赵丰主编的《中国丝绸通史》

如果织物的正反两面底色的色泽一致(因为是匹染),而花纹处是白色或是与底色不一样的颜色,就能确认是拔染印花织物。仔细检查花纹的反面,会显露出原底色的痕迹。

三、防染印花

先在织物上印制能防止染料上染的防染剂,然后轧染地色,印有花纹处可防止地色上染,这种方法即为防染印花。这种方法可得到三种效果,即防白、色防和部分防染。

防染印花包括两阶段工序:第一阶段是在白色织物上印上能阻止或防止染料渗透进织物的化学药剂或蜡状树脂。第二阶段是匹染织物。其目的是上染底色,从而衬托出白色花纹。其结果与拔染印花织物一样,然而达到这种结果的方法却与拔染印花相反。

防染印花方法的应用并不普遍, 一般在底色不能拔染的情况下才会使用。因拔染印花和防染印花产生同样的印花效果,所以一般通过肉眼观察不易鉴别。

第四节
早期的印花技术

一、漏版印花技术

最早的印花以夹版为主要方式, 其方法是用两块雕镂成同样花纹的木板、动物硬皮或油纸版等,将织物置于两块花版之间并夹紧,然后在雕空处注以色浆,印上花纹。其特点是花纹左右对称,色彩两面相同,并有润色现象,显得美观自然。刺孔漏是在硬纸板上刺孔成像,其缺点一是花纹线条不细,二是只能间歇印出纹样。镂空花样还必须保留若干连接点,否则花纹版就会无法完整。花版制成后,再在版上进行描画或直接从孔中透墨印刷,其方法近似于现在的钢板蜡纸油印或现代仍沿用的孔版(也称丝网版)。文献和实物证明,早在春秋战国时期雕刻漏版(孔版)印花在中国就已广泛应用。

1978至1979年，考古工作者对江西贵溪渔塘仙岩一带的春秋战国时期崖墓群展开调查。当时发掘了其中的14座墓葬，在出土的200余件文物中，有几块印有银白色花纹的深棕色苎麻布，就是用型版印刷的。据中国纺织科学院进行的碳-14年代测定，其印制年代为春秋晚期至战国早期，是目前我国出土文物中最早的苎麻印花布。而且该织物为双面印花，难能可贵。贵溪崖墓出土的这块印花布为深棕色苎麻布，布面上印有银白色花纹。印花的程序大致是织物经过煮炼、染色之后，进行整理、熨干，再铺于平滑坚实又略有弹性的垫板上，然后采用雕刻好花纹的漏版开始印花。共需印刷两遍，一遍印白色花纹，一遍刷印银色花纹。只可惜，雕花印版没有留存下来。

墓群中还同时出土了许多木质纺织工具。其中有两件木质刮浆板，板薄，呈长方形(25厘米×20厘米)，短柄，断面楔形。它一直被认为是麻布纺织环节中的一件工具。在古代由于采集下来的麻皮中留有浆汁，这对于分丝有困难，刮浆板正是用来将黏浆刮净，制成生麻丝用的。但在《中国传统工艺全集·造纸与印刷》一书中，作者提出了不同的观点，认为这两件刮浆板是一种印花过程中的刮墨工具。据此，说明这是迄今世界上发现的最古老的型版印刷工具实物，从而证明我国早在春秋战国之交就有了漏版印刷术。

二、彩缬印花技术

西汉以来，织物装饰广泛采用凸版印花技术。凸版印花的花版不用镂空，花纹图案呈阳纹凸起状即可。印花时，将色浆或染料涂在花版的凸纹线条上，然后铺上丝织物加压，织物上便显现出花纹。这种不用镂空的印版制作技术，不仅可以刻印出极细的花纹线条，还能生产出连续纹样，避免了刺孔漏印中孔与孔间歇纹样的出现，也避免了镂空印版中花纹连接点断印的出现。印刷的时候，将凸纹印花版一方一方像盖图章一样捺印。为了使接版处不留明显的痕迹，版上的花纹最好设计为四方连续的图案，即本版上边与上方邻版的下边、本版左边与左方邻版的右边的花纹相吻合。这种设计理念至今仍被印花行业普遍采用。

后来，人们发明了印花木辊。木辊的长度适宜设计为与布幅同宽或略小，它不像单块型版有上下左右四个边，而只有上下两个边，左右便成为循环连续的了，这样就没有接版的问题，使得劳动生产率大大提高。这种木辊类似现代印刷技术中的印版滚筒。

我们从现存的文物还可以看到，早期的彩色凸版印花还有一种方式是先雕刻图文部分凸起的印版，然后将织物覆盖于印版上，再用笔或刷子之类的工具蘸颜料来涂刷。人们可以根据需要刷上不同的颜色来得到彩色的印刷品。这种工艺类似拓印工艺。

湖南长沙战国楚墓中已有印花绸被面出土，长沙马王堆和甘肃武威磨嘴子的西汉墓中，也都发现有印花的丝织品。马王堆所出的印花织物用两块凸版套印而成的灰地有银白加金云纹纱，工艺水平相当高。但奇怪的是，这种工艺在汉代文献中却没有反映，而且在西汉以后的几个世纪中，这类印花织物没有再被发现过。在南北朝时期，只出现过一种工艺简单得多的缬，很难把它看成战国、西汉时那种印花技术的延续。在中原地区，我们能看到印花技术的再度复兴是从缬开始的，所以后来也把缬作为古代印花织物的通称。缬又分为蜡缬、纹缬和夹缬三大类。

1.蜡缬

蜡缬又名蜡染，因曾经用蜂蜡作防染剂而得名，距今已有 2000 多年的历史。蜡缬制品的花样饱满、层次丰富，是西南少数民族的重要文化特征之一。制作时，先用蜡刀蘸蜡液在白布上画出纹饰，然后放入靛蓝缸内染色，经过多次漂染，无蜡处变成蓝色或青色，涂蜡处则不着色仍呈现白色，最后加温去蜡，经水冲洗，即制成蓝白分明、花纹如绘的蜡染花布。后来雕刻纹样版逐渐取代手工涂绘花纹。今天留存下来的蜡染印品纹样多以花草树木和几何图形为主，兼有适量的虫鱼鸟兽。我们完全能从历代蜡染印品中，感受到制版者用刀如用笔、描绘自如、线条流畅的功力，以及丰富的想象力和创造力。

蜡染工艺有着一个美丽的传说。相传古时候，有一位苗族姑娘因为家里贫穷，没有钱买花衣服穿，因而过节时不能上芦笙场和小伙子跳舞，只能在家暗自伤心。一次，楼板上的蜂窝掉了下来，正好落在她刚织好的白布上，蜡液从蜂房中流了出来，并很快凝固在白布上。姑娘无意间将这块白布浸在染缸中，白布染出之后，便现出了美丽的蓝白花纹。聪明的姑娘于是发现蜡能够抗染，并据此发明了蜡染工艺。当下一个节日来临之时，姑娘穿着自己染制的花衣、花裙上芦笙场跳舞，在场的小伙子都为她美丽的容貌、漂亮的衣裙倾倒，纷纷邀请她跳舞。姑娘们也向其讨教染布的方法。此后，蜡染工艺就在贵州山区传播开来，并流传至今。

由于所绘蜡质不耐高温，因此蜡染的防染工艺适宜在常温染液中进行，靛蓝是最为适宜的染料。蜡染的染色工艺有两种：一种是使织物在绷挺的状态下浸染，另一种是在织物处于松弛状态下浸染。两种方式各有特色，前者画面整洁，后者画面更为丰富。因织物在皱折条件下容易导致蜡膜龟裂，故而在松弛状态下渗入微量染色液，可形成无规律的“冰纹”蜡染，“冰纹”被誉为蜡染的灵魂。

1959年，新疆民丰县以北大沙漠中发掘出的东汉墓葬里，出土了大批纺织品，其中有两块盖在羊骨、铁刀、木碗上的蓝白印花棉布格外美丽。这两块均为蜡缬印花。一块印花棉布的残片长 80 厘米，宽 50 厘米，上有圈点、锯齿纹花边和米字网格纹。另一块蜡缬棉布残长 86 厘米，宽 45 厘米，纹样结构新颖，是现存最早的蜡染印花织物。这块蜡缬花布的出现充分说明汉代的蜡染工艺技术已经成熟。该棉布以蓝色为地，白色显花。布的左下方为袒胸露怀的半身菩萨，双目斜视，颈戴串珠，手捧盛满葡萄的角形容器，身后则是象征其身份地位的佛光。从棉布的花卉、人物等图案看，形象自然生动，其印花技术十分精细，颜色鲜艳如昔，为同一时期印花织物的代表作。原件现藏新疆维吾尔自治区博物馆。

南北朝时，蜡染工艺也相当流行，除染制棉织品外，还应用于毛织品中。隋唐时期，蜡染技术继续发展，唐代的《树木象树》蜡缬屏风就是经过精心设计，融合画蜡、点蜡工艺染制而成的，色调雅致，层次分明，不愧为蜡染工艺中的精品之作。

2.绞缬

绞缬，又称扎染，是一种古老的采用结扎染色的工艺，也是我国传统的手工染色技术之一。它依据一定的花纹图案，用针和线将织物缝成一定形状，或直接用线捆扎，然后抽紧扎牢，使织物皱拢重叠，染色时折叠处不易上染，而未扎结处则容易着色，从而形成别有风味的晕色效果。

东晋时，此种工艺已在民间流传。南北朝时期，出现了历史上有名的“鹿

白色印花麻布和刮浆板。江西贵溪渔塘仙岩春秋战国崖墓出土

东汉蜡染花布，新疆民丰尼雅出土

胎紫缬”和“鱼子缬”图案。隋唐时期，绞缬更是风靡一时，史料记载的绞缬名称就有“大撮晕缬”、“玛瑙缬”、“醉眼缬”、“方胜缬”、“团宫缬”等。在新疆阿斯塔那墓出土的绞缬织物上的针眼和折皱至今仍依稀可见，显示了唐代高超的绞缬技术。北宋初，绞缬工艺依然盛行。

中国古代劳动人民巧妙地利用了染色工艺的物理、化学作用，使织物上呈现出特殊的、无级层次的色晕效果，它是我国古代印染技术的一个巨大成就。现今，这种传统工艺得到了许多艺术家和印染工作者的重视，他们在旧有的绞缬工艺基础上，结合新材料、新工艺，进行了大胆的创新，使古老的扎染工艺重新焕发青春。绞缬工艺由于不用花版，不具备印刷术的三大要素，一般不归属于印刷技术范畴，因而不属于本书探讨的范围。

3.夹缬

夹缬是一种镂版双面防染印花技术。从印版工艺而言，夹缬属于凹版印刷技术。在秦汉之际，造纸术还未发明，棉花种植尚未引进，人们只能将木板的两面阴刻成花纹，然后把麻、丝织物等夹在两块花版之间进行草木染色。用这种方法生产的印花布称作夹缬。

隋唐时期，镂版夹缬染色技术也有较大的发展。隋炀帝曾命令工匠印制五彩夹缬花罗裙，用来赏赐宫女及百官的女眷。唐朝的制度规定，士兵的军服须以夹缬染色制品为标志编号，宫廷的御前步骑纵队则一律身穿小袖齐膝袄，头戴花缬帽；宋代仍沿用唐代的制度，以夹缬制品作为军用物品。在宋真宗咸平年间，还禁止民间服装用皂斑缬衣及染制缬类织物，并严禁贩卖夹缬所用的花版。从此，丝绸夹缬技术趋向衰败。明清时期，彩色夹缬工艺技术逐渐失传。

夹缬，照字面解释，“夹”是从两方相对夹持的意思，“缬”是印染出彩色花纹的丝织物。夹缬染色工艺普遍适用于丝绸、棉、麻等纤维。由于夹缬制品花纹清晰，经久耐用，时至今日，中国广大农村仍在广泛地使用着。那种用防染白浆印花和靛蓝染色的蓝印花布，俗称为“药斑布”或“浇花布”，在民间一直深为人们所喜爱。

不难看出，古代的染缬技术中，绞缬不用花版，属于染花工艺；蜡染和夹缬属于印花工艺，其中夹缬属于凹版印花。

东汉蜡染花布局部，新疆民丰尼雅出土

西凉绞缬，甘肃敦煌佛爷庙出土

第五节

汉代的印花技术

两汉时期丝织业的发达，使得丝绸的产量有了大幅度增加，对社会各个方面都产生了很大的影响。对于丝织品这类较高档的衣料，以前只有王公贵族才能享用，到了汉代，社会各阶层都有消费的可能了。《盐铁论·散不足》中写道："今富者缛绣罗纨，中者素绨冰锦，常民而被后妃之服，亵人而居婚姻之饰。夫纨素之贾倍缣，缣之用倍纨也。"这说明，在丝织品的消费上，贫富之间的差别仍然悬殊。

两汉时期，染色的色谱十分丰富。西汉史游《急就篇》载："豹首落莫兔双鹤，春草鸡翘凫翁濯。郁金半见缃白，缥綟绿纨皁紫硟。烝栗绢绀缙红燃，青绮绫縠靡润鲜。绨络缣练素帛蝉，绛缇絓紬丝絮绵。"其中所记载的色彩有红、缙（浅赤色）、燃（深红色）、绛（赤色）、缇（黄赤色）、郁金（浅黄色）、半见（黄白色）、蒸栗（深黄色）、缃（浅黄色）、绢（麦积色）、绿、綟（苍艾色）、青、缥（青白色）、紫、绀（青而赤）、皂（黑色）、白韵（白素之精者）、纨（绢之精白者），多达 19 种，涉及的色调有红、橙、黄、绿、青、紫、黑、白等。东汉时期，随着颜料、染料以及印染工艺技术的进步，纺织品的色彩更为丰富。东汉许慎的《说文解字》中所记载的色彩多达 39 种，仅红色调中以"纟"为偏旁的字就有 10 种之多，分别为红、纁、绯、纂、绌、绾、绛、绡、缙、絑。从中可见丝绸染色技术的进步以及媒染技术的发达。

汉代距今已约 2000 年，保存下来的丝织品并不丰富，其中展现印花技术的文物更是寥寥无几。如今，我们只能从仅存的几件珍贵汉代文物中来管窥汉代的印花技术概况了。

一、长沙马王堆西汉印花纱

1972 年，长沙市区东郊浏阳河旁的马王堆西汉墓被发掘，引起轰动。1 号汉墓出土的女尸，距今已有 2100 多年，但形体完整，全身润泽，部分关节可以活动，软组织尚有弹性，几乎与新鲜尸体相似。它既不同于木乃伊，又不同于尸蜡和泥炭鞣尸。这是一具特殊类型的尸体，是防腐技术的奇迹，震惊世界，吸引不少学者、游人观光。

马王堆三座汉墓共出土珍贵文物3000多件，绝大多数保存完好。其中珍贵的是1号墓的大量丝织品，保护完好。品种众多，有绢、绮、罗、纱、锦等。有一件素纱禅衣，轻若烟雾，薄如蝉翼。该衣长1.28米，且有长袖，重量仅49克，织造技巧之高超，真是天工巧夺。

马王堆汉墓出土的各种丝织品和衣物年代早，数量大，品种多，保存好，极大地丰富了中国古代纺织技术的史料。1号墓边厢出土的织物，大部分放在几个竹筒之中，除15件相当完整的单、夹绵袍及裙、袜、手套、香囊和巾、袱外，还有46卷单幅的绢、纱、绮、罗、锦和绣品，都以荻茎为骨干卷扎整齐，以象征成匹的缯帛。3号墓出土的丝织品和衣物大部分已残破不成形，品种与1号墓大致相同，但锦的花色较多。最能反映汉代纺织技术发展状况的是素纱和绒圈锦。薄如蝉翼的素纱禅衣，重不到50克，是当时缫纺技术发展程度的标志。用作衣物缘饰的绒圈锦，纹样具有立体效果，需要双经轴机构的复杂提花机制织造，它的发现证明绒类织物是中国最早发明创造的，从而否定了过去误认为唐代以后才有或从国外传入的说法。

马王堆1号汉墓出土印花织物多件，是世界上最早的有关型版印花技术的实物标本。这些印花织物分为两种：

第一种为印花敷彩纱。印花敷彩纱是目前世界上发现最早的印花与彩绘相结合的丝织品。它是用印花和彩绘相结合的方法，在轻薄的平纹组织丝织物方孔纱上进行印染加工而成。马王堆汉墓内出土的丝质袍，有3件以印花敷彩纱作为面料，说明这是当时贵族妇女一种华丽的时装用料。

印花敷彩纱的色彩约有5种，其中保存较好的为朱红、粉白和墨黑三色。图案为茱萸花的变形纹样，由枝蔓、蓓蕾、花穗和叶组成，外廓略作菱形。单位面积较小，长4厘米，宽2.4厘米，四方连续，错综排列，通幅共有22个图案单位。枝蔓部分线条婉转，交叉处有明显的断纹现象，这是一种在雕刻印版中特有的现象。描绘的蓓蕾、花穗和叶则具有笔触的特征。根据对图案的分解和模拟试验，印枝蔓部分时，将4个单位并成一版，即并成一个长8厘米、宽4.4厘米的大菱形，按幅宽48厘米计算，每米800多个图案单位，需印200余次。在

印花敷彩纱直裾袍，衣长130厘米，通袖长236厘米，湖南长沙马王堆西汉墓出土，湖南省博物馆藏

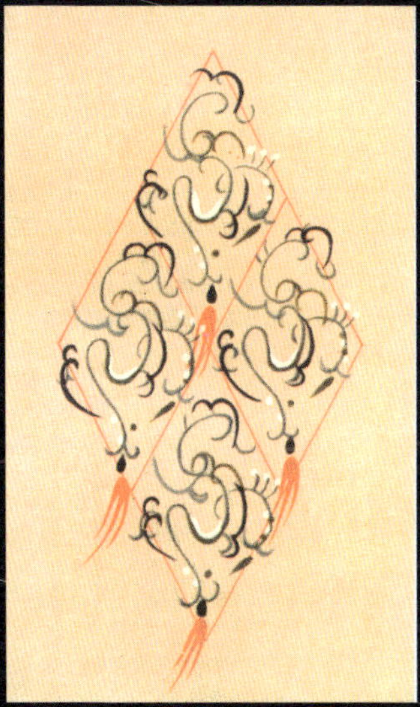

西汉印花敷彩纱纹样单元图

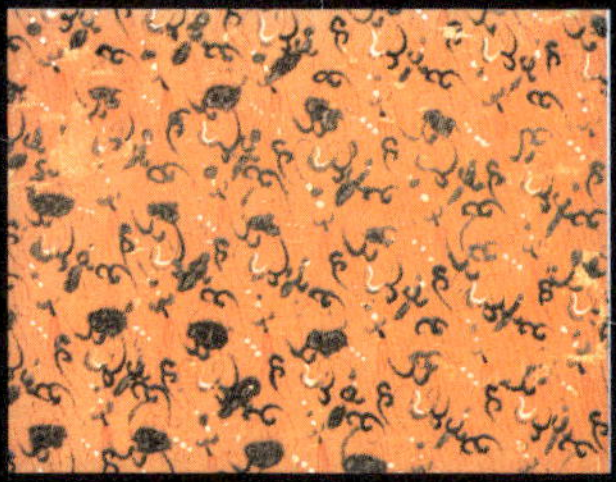

西汉印花敷彩纱局部

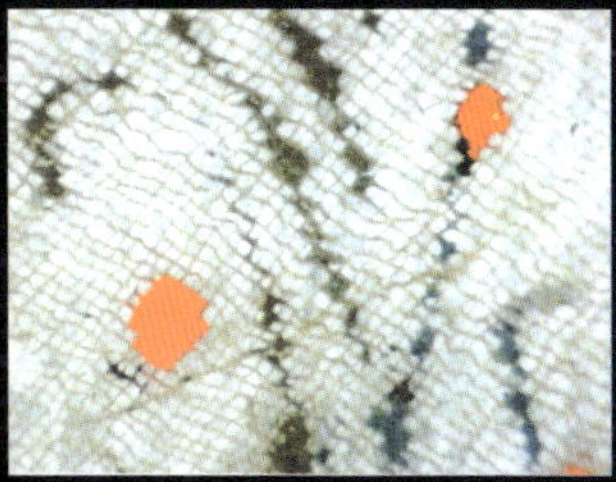

西汉印花敷彩纱局部

织物上印好枝蔓后，还需要进行描绘。描绘的工序大体可分六道：用朱红色绘出花穗；用重墨点出花穗的子房；绘浅银灰色的叶、蓓蕾和纹点；绘暖灰色调的叶和蓓蕾苞片；绘冷灰色调的叶；用粉白勾绘、加点。据分析，为了便于加工，在印花之前，先将织物练染理平，并做好定位记号。所以印花时渗透性好，线条又比较润泽，图案单位间也没有相互叠压和疏密不均的现象。这种印花敷彩纱无疑是古人们在涂料印染方面的杰作，具有很高的工艺水平。

香港出版的《王㐨与纺织考古》一书中，王㐨先生根据印花敷彩纱印纹细挺流转，线条交叉处具有镂版特有的断纹等现象认为，印纹的颜料曾用黏合剂调和，印花后其效果与凸版压印的平面纹线有区别，并提出藤蔓纹是用镂空版印制的。王㐨还做了还原实验，印得的花纹光洁利落，厚薄有起伏，显得饱满活泼，与标本趋近。他的研究成果后来被各种丝绸艺术书籍广泛引用。

第二种为金银色印花纱。马王堆1号汉墓出土了两件完整的“金银色印花纱”。这是采用了三套色版印制的工艺精巧的印刷品。这两件印花纱，一件幅宽47厘米，长64厘米；另一件幅宽为48厘米，长63厘米，其图案由4朵有变化的云纹组成。花纹单位宽7.6厘米，长10.4厘米，上下交错横向排列，一排为13个，一排为12个，两边各有半个单位，云纹为银色，饰金色小点。银白色和银灰色套印成纤细、旋曲的云纹线条，金色套印成叠“山”形的小圆点，相互组合在一起，像一团火焰。“金银色印花纱”因而也被称作“金银火焰印花纱”。

这两件印花纱的印版形式，有学者认为是镂空版，而且印花版较大；有学者则认为是由两块木刻的阳纹版组成，即一块版为一朵云纹，一块版为小圆点，这样，一个完整的图案需要印制4次，再加套印小圆点4次，共需印8次而最终形成一个图案。

然而，张宏源先生根据实物进行多次观察和反复研究后，认为不可能是镂空版印刷。他指出，如果是镂空版，印版必然有一定的厚度，在印刷时，如果涂料稀就必然会在图案线条的周围产生晕染的痕迹，如果涂料稠也必然会随着印版的厚度而留下较厚的涂料而高出织物面。而从实物观察，图案清晰、线条匀细而有弧度，在显微镜下观察，涂料薄薄地黏附在丝织物上，纱孔没有堵塞，所以说不应当是镂空版，而是凸版印刷。

西汉金银火焰印花纱残片，湖南长沙马王堆出土,现藏中国印刷博物馆

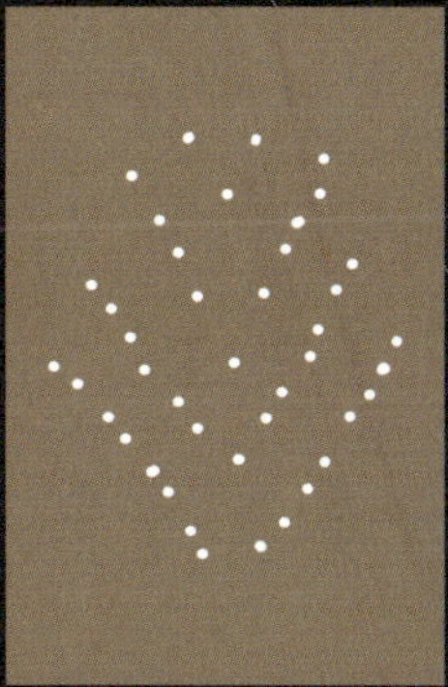

西汉金银火焰印花纱单位完整纹样

西汉金银火焰印花纱工艺局部图

笔者认为张先生的分析是比较合理的。这件印花纱的印版应当是由两块阳纹版组成,即一版为两朵云纹上下交错,形式为菱形,大约宽 3.8 厘米,长 3.6 厘米;另一版为小圆点,先印云纹,然后再套印小圆点。其特征一是全幅印到,花纹规整,线条清晰、匀净,有弧度。二是笔者做了一个实验,按照版式将扫描好印花纱图片中的图案,在计算机中用 Photoshop 软件选择两个相邻单位的云纹,有的大小相同,完全能套准,这说明是一个版所印;然而也有大小有差异而套不上的,这说明在印制时为了便于使用和对印版的清洗,而采用了两块或两块以上印版在印制时交替使用。三是云纹之间的距离有差异,有的距离大,有的距离小,有的上下之间或左右之间相互倾压。这是由于有些地方在加工时定位还不十分准确,造成印纹间有相互叠压以及间隙疏密不匀的现象,但从整体来看,这种早期的定位技术水平还是比较高的。

根据上述特征,我们能大致还原出当时的印版,其形制与后来南越王墓出土的青铜印花版基本一致。

长沙马王堆汉墓是一座西汉初年的墓葬,时代与战国相距很近,其出土文物和竹简上的文字形体也证明它具有先秦的遗风。从这些出土的印花丝织品可以了解到,西汉初期,中国的印花与彩绘技术已经相当精湛,已掌握了镂空版与凸版分色印花的全部工艺。

二、磨嘴子汉代印花绢

磨嘴子在甘肃省武威市城西南 15 千米处的祁连山麓、杂木河两岸。这里地势起伏,形成丘陵地带,西依西山顶,东接沃野,其间阡陌纵横,中有杂木河流过。这里很早以前就是便于人类居住、从事生产生活的好地方,因此不仅有新石器时代的文化遗址,而且有着极其丰富的汉代墓葬。同时,磨嘴子也以出土大批汉简、木雕、丝、麻、草编织物等重要珍贵历史文物而闻名于世。

1972 年,武威地区文化局和甘肃省博物馆联合组成的发掘队,在武威县城南 15 千米的黄土台地磨嘴子汉墓群中发掘出一批丝织物。其中 48 号墓出土的套色印花绢篋对于研究早期的印花史提供了珍贵的线索。

这种印花绢共出在 3 件草篋上。其底色为绛色,印青蓝、米黄、白 3 色花纹。三块绢图案纹路完全相同,花纹单位为 8.9 厘米×17.5 厘米。可以清晰地看到两组之间或各色之间时有叠压，各组图案位置和叠压间距不完全一致，所以我们推论其工艺程序应当为：采用事先刻好的三种单花镂空版，先印青蓝色花纹，然后是一组卷涡状的白色花纹，最后再印大的白色的主题花纹。整个花纹似卷曲的云朵。从印制的效果来看，花纹带有明显的笔触，故其工艺有可能是在镂空版上用毛笔蘸涂料刷到印版上印成。草篋印绢所用花版较马王堆的尺寸略大，印制时也应当是一块一块逐个刷印。这种技法和花纹比较新颖。尤其是从这三件文物的发现，我们能看到印花技术的应用领域，已经不仅仅应用于衣料，而且还用于生活日用品的装饰。这种装盛食物的苇篋表面用印花丝绸进行装饰，多么精美！

同时发掘出土的轧纹绉，是甘肃首次发现的新品种。这大约是对丝织物的一种特殊处理技巧。它的制法，很可能是用两种刻有阴、阳吻合的模板对轧而成，绉纹至今保持如故。这种无色压凸的装饰方法，可以说就是后来明代末期中国木版水印技艺中所使用的拱花技术的源头。

三、广州南越王墓印花版

1983年，在广州市区北部象岗南越王墓遗址发现了大量的珍贵文物，在整理南越王墓出土物时发现有几片残铜片，文物工作者将其去锈处理，拼接修复后发现，它们竟是大小两件青铜印花凸版。经考证，它们是用于丝绸印花的凸版。这是一个非常重要的考古发现。

印花凸版出于墓内西耳室，其西侧是大量的丝织品，出土时通体包裹丝绢。其中较大的一件基本完整，形体扁薄呈板状，正面花纹似小树形，有旋曲的火焰状纹。纹线凸起，大部分非常薄锐，厚度 0.15 毫米左右。凸纹与铜器底板垂直距离约 1 毫米，在凸纹之间形成凹槽或凹面。花版背面有一穿孔小钮。全器长 57 毫米、宽 41 毫米。另一件形体扁薄呈板状，较小，出土时已碎为 4 件，专家将其粘对拼复，花纹近似“人”字形，正面也有凸起的云纹，凸纹厚度约为 0.2 毫米。全器长 34 毫米、最宽 18 毫米，背面也有穿孔钮。两件铜器表面凸起的花纹均在同一平面上，有磨损痕迹，有的已磨圆钝，表明已经使用过。背面穿有小孔的钮显然是一种方便握持的部件。因此，这两件铜器显然是一种用于蘸色印刷花纹的印版。

东汉套色印花绢箧，甘肃武威出土，甘肃省博物馆藏

变体云涡纹彩色涂料印花绢梳妆盒(计算机合成)，甘肃武威磨嘴子48号墓出土，甘肃省博物馆藏

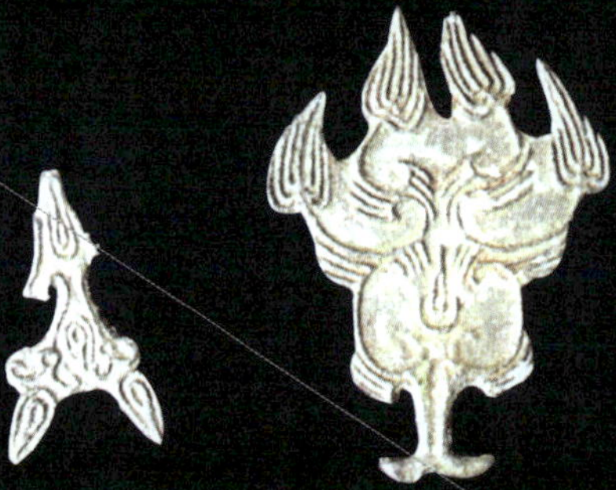

青铜印花版，广东广州南越王墓出土

东汉卷云纹印花绢复原图，甘肃武威磨嘴子出土，甘肃省博物馆藏

将两块印版的纹样构图组合起来，与前述马王堆 1 号墓出土的泥金银印花纱十分相似，只是纹样单位要比马王堆的大一些。在南越王墓已碳化的织物中也发现有这种纹样的印花罗。印花工具与成品同出于一墓，意义不同寻常。马王堆出土的泥金银印花纱被认为是迄今发现的世界上最早的彩色套印丝绸，而南越王墓发现的套印工具更为此提供了有力的证明。

关于这两块印版的制作工艺究竟是铸造还是雕刻的，暂时还没有采用现代科技手段进行专门鉴定。根据印版的表象特征和墓葬中同时出土的铜器物来看，应当属于铸造的。那么，同样的印版可能还有数块。

2000 多年前，南越国的工匠能生产出如此清晰流畅图案的凸版工具，并利用来印刷丝绸，确是一件难能可贵的事情。可以想象，当时的工匠手持这种规格的花版，在台板上按先横后竖的次序，盖图章似的逐个在丝绸上盖印，每米织物上一共要盖印 600 多次。这不仅是一种印刷术，而且是多版套印技术。这两块铜印花凸版是目前世界上保存最早的彩色套印工具，它们在科学技术史、印染工艺史以及雕版印刷史上有着重要的意义。

1972 年，甘肃嘉峪关新城汉墓出土了 6 件丝织物。其中一件衣衫领为浅红色，有白色印彩花纹。同时还出土了一根白色裙带，为两色印花，宽 2 厘米。倘若将这样的浅红色印白花衣领绸衫配上相应的线红色丝裙，再系上一根与衣领相呼应的印白花裙带，则是一种现代依然十分流行的服饰搭配。由此可以想象得出墓主人雅致的审美情趣。由于该印花丝绸衣衫和印花裙带没有图片和实物展出，它们的印制工艺还有待进一步的研究。

第四章

雕版印刷术的发明

雕版印刷术，广义的理解，是指在版料上雕刻反向凸起的图文印刷的技术；狭义的概念，则专指以木料为版材的凸版印刷术，因而许多中外学者将雕版印刷术称作木版印刷术，专业英语中一般也译作“Wood Block Printing”。雕版印刷术属于凸版印刷的范畴。它的发明，加快了人类文明的进程，在人类文化史上具有划时代的意义。雕版印刷术是真正意义上的“文明之母”，它开创了用技术手段来促进人类传播知识信息的历史进程。

我们先简单地描述雕版印刷的工艺过程。首先，把木材锯成一块块木板，把要印的文字或图像写在薄纸上，反贴在木板上，再根据字和图像的线条，用刀一笔一笔雕刻成阳文，使每个图文部分的线条突出在板上。木版雕好以后，就可以印刷了。印刷的时候，先用一把刷子蘸墨，在雕好的板上刷一下，接着，将白纸覆在板上，另外拿一把干净的刷子在纸背上轻轻刷一下，把纸拿下来，一页纸质印品就印好了。成册的古籍，在一页一页印好以后，还要进行装订。中国的古籍装帧形式多样，风格独特。古代的装订工艺也经历了卷轴装、旋风装、经折装、包背装、线装等形式的演变。

雕版印刷术是织物印花技术的自然传承。正如美国学者卡特在其著作《中国印刷术的发明和它的西传》中所说："织物的印花，特别是这种图像印花织物，其在为纸上的雕版印刷开先路的准备工作中起有一部分的作用，是不容怀疑的。无论在亚洲或欧洲，织物印花都成为一种背景；以它再转而学习新的纸上印刷的技术，就比较简单了。"

第一节
众说纷纭话起源

由于历史悠久，资料缺乏，关于雕版印刷的发明年代，一直是印刷史学家所关心的问题，因为到目前为止还没有人查找到确切的物证，以证明雕版印刷发明的年代。古往今来，众说纷纭的起源流派中，东汉、魏晋、南北朝、隋唐、五代等几种说法较为盛行。

一、东汉起源说

持有这种观点的代表人物是元代的王幼学和清代的郑机。郑机在《师竹斋读书随笔汇编》卷十二《杂考上·人事》里说："汉刊章，捕张俭等，是印版不始于五代。"意思是说东汉山阳高平人张俭，因反对当时有权势的宦官侯览，而遭到"刊章讨捕"，到处亡命。什么是"刊章讨捕"呢？元王幼学《纲目集览》卷十二说："刊章两字，以为印行之文，如今板榜。"这是说"刊章"等于后来通缉犯人的布告。把布告刻板刷印，张贴各地，自然比一张一张地书写要快得多了。

历代以来的许多学者不认同这样的观点，主要有三方面的意见：一是此时距蔡伦造纸只有 60 年左右，比熹平石经还早 10 年左右，由于纸张还没有普遍使用，那么就不能谈雕版印刷的出现。二是在其后的相当长时间内，根本没有涉及雕版印刷的记载。三是"刊章"二字应理解为用木牍写的榜文，传阅各地。

现代，李致忠等学者开始肯定东汉起源说，并提出了三方面的论据：一是认为在东汉时期，文字简化易写为雕版印刷提供了文字准备。二是在东汉的

木雕版。古代木雕版木材一般选用梨木或枣木

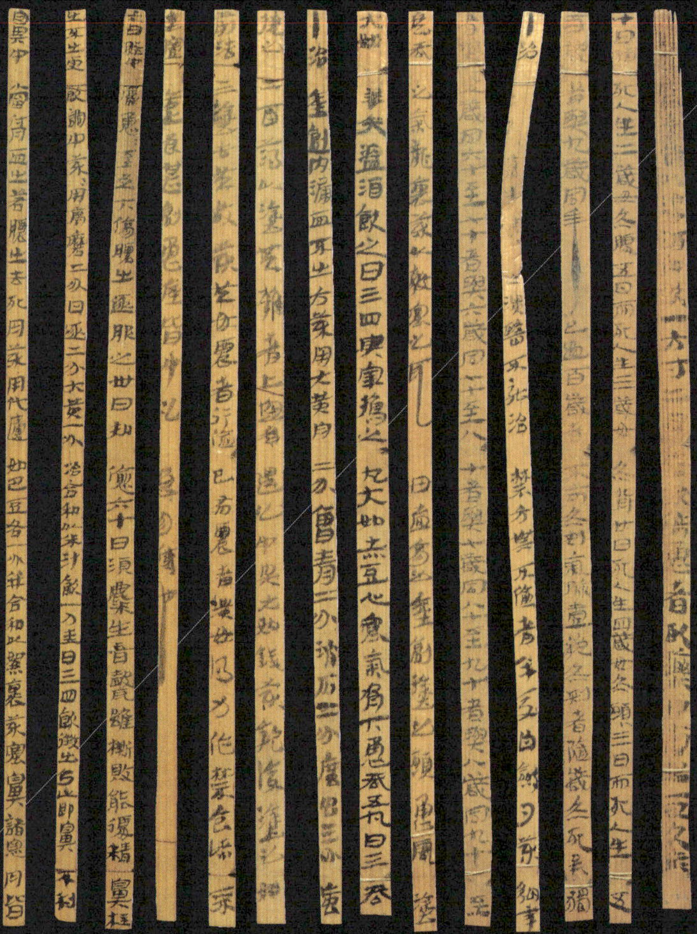

汉代医药简牍，甘肃武威旱滩坡出土

“刊章捕张俭”之前就出现了各种不同时期的纸，再加上秦汉时期出现的墨，从而为雕版印刷提供了物质条件。三是秦汉时代印章的普遍使用，以及石刻文字技术的成熟，为雕版印刷提供了技术条件。从以上的推论来看，雕版印刷的发明在东汉时期也是有一定的可能性的。

二、魏晋起源说

主张雕版印刷始于晋成帝咸和年间的，有 19 世纪末的法国学者拉古伯里，他在 1894 年出版的著作《中国古代文明西源论》中，根据对《蜀志》、《后周书》的考证，指出：“东晋成帝咸和时，蜀中成都即有雕版印书之举。”

拉古伯里的观点十分独特，只是提出后，没有引起广泛关注，支持魏晋起源说的学者寥寥。

三、南北朝起源说

主张雕版印刷始于南北朝的，有清道光年间的李元复。他在《常谈丛录》卷一中说：“书籍自雕镌板印之法行，而流布始广，亦借以永传。然创之者初不必甚难，以自古有符玺，可师其意，正无待奇想巧思也。窃意汉蔡伦造纸之后，当魏晋六朝宜有继起而为之者矣，但未盛行耳。乃谓肇兴于宋，是其不然……”

日本学者岛田翰也认为雕版印刷图书北齐以前就已经有了。他的论述为：“予以为墨板，盖昉于六朝，何以知之？《颜氏家训》提到，江南书本‘穴’皆误作‘六’。夫书本之为言，乃对墨板而言之也。颜之推北齐人，则北齐时既知雕版矣。”

四、隋代起源说

主张雕版印刷始于隋代的，较为著名的是明朝人陆深，他在《河汾燕闲录》中说：“隋文帝开皇十三年(593 年)十二月八日，敕废像遗经，悉令雕造，此印书之始，又在冯瀛王先矣。”

继其说的又有明朝的胡应麟，他在《少室山房笔丛》中指出：“雕本肇自隋时，行于唐世，扩于五代，精于宋人。”他的这段论述成为以后印刷史学界转载

传抄的经典名句。

清代的方以智在《通雅》卷三十一中说:“雕版印书,隋唐有其法,至五代而行,至宋而盛,今则极矣。……废像遗经,悉令雕版……”

近代学者孙毓修在《中国雕版源流考》里,除沿袭了胡应麟的说法外,又说:“按费长房《历代三宝记》亦谓隋代已有雕本,是我国雕版托始于隋。”同时又引罗振玉的《鸣沙石室秘录》之说,有宋太平兴国五年,翻雕隋刻《大隋求陀罗尼》为据。

五、唐代起源说

认为雕版印刷始于唐代的,始见于《旧唐书·文宗本纪》,其中记载:“太和九年(827 年)十二月,敕诸道府,不得私置日历板。”唐柳玭在《柳氏家训》序中说:“中和三年(883 年)癸卯夏,銮舆在蜀之三年也。余为中书舍人,旬休,阅书于重城之东南,其书多阴阳、杂记、占梦、相宅、九宫五纬之流,又有字书、小学,率雕版印纸,浸染不可尽晓。”

宋叶梦得《石林燕语》卷八说:“世言雕版印书始冯道,此不然,但监本五经板,道为之耳。《柳玭家训》序,言其在蜀时尝阅书肆,云字书小学,率雕版印纸,则唐固有之矣,但恐不如今之工。”

清朱彝尊《经义考》卷二百九十三,引宋《国史志》说:“唐末益州始有墨板,多术数、字学小书。”

清王士禛《居易录》卷三十四中说:“刻书始于五代,昔人率以为然。予按司空表圣《一鸣集》,有为东都敬爱寺募雕刻《律疏》印本疏云:自洛城□□,乃焚印本,渐虞失散,欲更雕锼。”“印本”两字完全能够证明唐已刻书,十分清楚。

近人叶德辉在《书林清话》卷一中有“书有刻本,世皆以为始于五代冯道,其实唐僖宗中和年间已有之……吾以为雕本始于唐……唐元微之为白居易《长庆集》作序,有缮写模勒衒卖于市井”之语。

王国维《观堂集林》卷二十也说:“夫刻石亦可云摹勒,而作书鬻卖,自非雕版不可,则唐之中叶吾浙亦已有刊板矣。”

六、五代起源说

认为雕版始于五代的，宋王明清《挥麈余话》卷二说："毋邱俭贫贱时，尝借《文选》于交游间，其人有难色。发愤，异日若贵，当板以镂之遗学者。后仕孟蜀为宰相，遂践其言，刊之。印行书籍创见于此。事载陶岳《五代史补》……"

明罗颀《物原》说："周宣王始刻文于石，五代和凝始以梨板刊书。"

明陆深《金台纪闻》说："后唐明宗长兴三年，令国子监校完《九经》，雕印卖之，其议出于冯道，此刻书之始也。"

明杨慎说："孟蜀后主，崇尚《六经》，恐石经本流传不广，乃易木板，宋世称刻本始于蜀也。"

清万斯同《唐宋石经考》说："按五经镂板，《宋史》谓始于周显德，不知唐长兴、晋开运已先有之。世言冯道始镂板，官鬻于世，盖射利也。其射利未可知，而创始之功实被于万世。"

五代年间，儒家《九经》的刊刻从后唐长兴三年(932 年)开始至后周广顺三年(953 年)止，共花费了 22 年才完成。这是我们通常所指的监本印书的开始。这已经是历史上的一次大规模的雕版印刷术刻印工程。因而，冯道确实对印刷术起了很大的推动作用，但说他是印刷术的发明人显然不符合史实。

以上几种观点正如名家所言，各有千秋。但是，根据社会文化发展的进程，以及有关的文献记载，我们大体可以勾勒出雕版印刷术发明年代的一个轮廓，即明代胡应麟在《少室山房笔丛》中所说的："雕本肇于隋时，行于唐世。"关于唐代的雕版印刷，不但有多处文献记载，而且已经有多种印刷实物流传至今。例如，明代人邵经邦的《弘简录》一书中说："太宗后长孙氏，洛阳人，……遂崩，年三十六，上为之恸。及宫司上其所撰《女则》十篇。……帝览而嘉叹，以后此书足垂后代，令梓行之。"这是使用印刷术的最早记载之一。此事发生在唐初贞观十年(636 年)。

近年来，隋代发明说"后来居上"，似乎已成定论，例如北京大学肖东发教授在他的新著《中国图书出版印刷史论》中便一改他主编的《中国编辑出版史》中主张的唐代发明说，明确而肯定地认为中国雕版印刷术发明于隋代。的确，随着历代学者研究的逐步深入和完善，隋代发明说已具有切实充分的理

由，因此将“唐代发明说”在时间上提前为“隋代发明说”，现在来看是完全成立的。

第二节
雕版印刷术的基础

雕版印刷术既是织物印花技术的传承，又与印花技术有所区别。当代学者将雕版印刷技术定义为以传播文化为目的，以雕刻为手段，以木料（主要指枣木和梨木）为版材，以纸为承印物的凸版印刷技术。

雕版印刷术自发明以来，作为一种传播文化的手段，主宰了古代中国1000多年的印刷史。即使从世界印刷史的角度来看，除发明国中国以外，雕版印刷术也主宰世界印刷技术近1000年之久。因此，它是迄今为止，人类文化传播技术手段中占据主流技术地位时间最长、生命力最强的一种文化传播技术。

毫无疑问，雕版印刷术的发明是具有技术创新意义的。而任何一项新技术的产生，都必须具备两个前提：一是产生这种新技术的基础条件，包括物质基础和技艺条件两个方面；二是当时社会对这项技术的强烈需求。

一、物质基础

物质基础主要是指对雕版印刷术发明起决定作用的纸、笔、墨以及刷印工具。织物印花技术中的物质基础主要是笔、墨、丝绸。对比起来看，雕版印刷与织物印花物质基础有四点不同：笔的不断发展和完善，对雕版印刷术的发明起到了一定的促进作用；纸的发明和成熟成为雕版印刷术最核心的物质基础；由于承印物的不同，对于两种技术中的重要物料——印墨的需求不尽相同；雕版印刷过程中所使用的工具与织物印花所使用的工具有所不同。

1.毛笔的发明与发展

笔对印刷术的发明是必不可少的，因为印刷必须先有印版。最早发明的雕版印刷术的印版是手工雕刻的，而在雕刻之前必须先书写字样，书写字样使用的工具就是毛笔。

笔的历史甚为久远。其产生的年代，过去一直依据《古今注》中“蒙恬始造，即秦笔耳。以柘木为管，鹿毛为柱，羊毛为被”的说法，认为毛笔是秦朝大将蒙恬创制的。但出土文物证明，毛笔远在蒙恬造笔之前很久就有了。从新石器时代彩陶上已有朱、褐、黄、白、黑五种颜色的线条图案和对这些线条起落处的笔势分析，很像是用类似于毛笔之类的工具描画的；殷墟出土的甲骨文有朱书、墨书的，而且从甲骨文中已有笔的象形字“聿”来看，远在3000年以前的商朝已有毛笔之说是毋庸置疑的。

1954年，湖南长沙战国墓中出土了一支迄今所见最早的毛笔——楚国笔。这支笔用兔毛做笔头，笔管竹制，笔头紧紧地扎缚在笔管的一端。这种笔，最适于在竹木上书写，不像今天的毛笔在纸上写字那样挥洒。

蒙恬作为毛笔制作工艺的改良者，其功亦不可没。据说，蒙恬是在出产最好兔毫的赵国中山地区，取其上好的秋兔之毫制笔的。湖北云梦秦墓中出土的毛笔，用竹制笔管，在笔管前端凿孔，将笔头插在孔中，另做一支与笔管等长的竹管做笔套，将毛笔置于笔套之中。为取笔方便，笔套中间镂有8.5厘米长的长方孔槽，竹筒涂以黑漆，并绘有红色线条。可见，这支秦笔的制作已采用了一套完整的制作工艺，而且与现在的毛笔及其制法颇为相似，较之战国时期的楚国笔已大有进步。或许这就是蒙恬始造之秦笔吧。

汉代经济文化有了很大的发展，纸的发明，更促进了毛笔的进一步改进。笔头不仅用兔毫、羊毫，还采用了鹿毫、狸毫、狼毫等原料混合制成。其制笔之法，有的以兔毫为笔柱，羊毛为笔衣，或用人发梢数十茎，杂青羊毛并兔毫，裁令齐平，以麻纸裹柱根(见王羲之《笔经》)。因此，汉之制笔硬毫、软毫并用。此时对于笔管的质地、装饰也渐渐地重视起来，有的还添加金银为饰。据《西京杂记》载：“天子所用笔，管则饰以错宝，毛皆以秋兔之毫。”并以“杂宝为匣，厕以玉璧翠羽，皆值百金”。清代乾隆年间的唐秉钧在《文房肆考图说》卷三《笔说》中也说：“汉制笔，雕以黄金，饰以和璧，缀以隋珠，文以翡翠。管非文犀，必以象牙，极为华丽矣。”笔在此时已经不仅是书画的工具，而且开始成为艺术品了。

秦汉之际，人们还有将毛笔簪戴在头上，以作装饰之用的习惯，因之笔杆较长，有20厘米左右，笔杆上还常常刻有工匠的姓名。笔尾削尖，并刷上彩

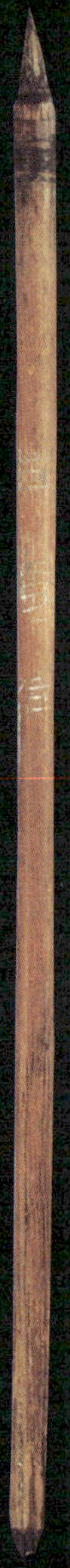

白马作毛笔，甘肃武威磨嘴子汉墓出土，笔杆竹质，中空，精细匀正。白马是制作工匠的名字。该笔与《论衡》所谓“一尺之笔”相吻合。白马作毛笔是汉代毛笔的代表作漆，称之“簪白笔”。白笔指未蘸过墨的新笔，以新笔作簪用，故名。汉代有“簪白笔”制度，官员为奏事之便，常簪戴毛笔。

魏晋时期簪笔之风不再流行，笔杆逐渐变短。三国时魏国人韦诞，字仲将，京兆（今陕西西安）人，有文才，善辞章，并以制笔和墨闻名当时。他所制之笔，人称韦诞笔，著有《笔经》一卷留世。贾思勰在《齐民要术》中详细介绍了韦诞的制笔方法：“先次以铁梳兔毫及羊青毛，去其秽毛，皆用梳掌痛拍整齐，毫锋端本各作扁极，令均调平，将衣羊青毛，缩羊青毛去兔毫头下二分许，然后合扁卷令极圆，讫痛颉之，以所整羊毛中为笔柱，复用毫青衣羊毛使中心齐，亦使平均，育颉管中宁随毛长者使深，宁小不大，笔之大要也。”这一段落详细地记录了韦诞的制笔方法，同时也反映出魏晋时制笔的过程和特色。

隋唐的毛笔，笔头短而硬，以安徽宣城的笔风行天下。当时的制笔名家有：黄晖——相传他得到蒙恬的制笔方法，所制的笔称为“鸡距笔”。鸡距即雄鸡跖后突出像脚趾的部分，因锋短，犀利如鸡距，故得名。宣州陈氏——唐代宣州（今安徽省宣城县）制笔名家，名字不详，相传陈氏之笔特别为当时书法家喜爱。晋代书法家王羲之曾亲手写过《求笔贴》，向陈氏之祖求笔；唐代著名书法家柳公权也曾向陈氏求笔。宋邵博《闻见后录》中载：“宣州陈氏家传右军《求笔贴》，后世益以作笔名家。柳公权求笔，但遗以二支，曰公权能书当继来索，不必却之。果却之，遂多易常笔。曰前者右军笔，公权固不能用也。”诸葛氏——其制笔以一种或两种兽毛参差散组合而成，经久耐用，与当时宣州陈氏同享盛誉。郑文宝《江表志》中载：“宜春王从谦喜书礼，学二王楷法，用宣城诸葛笔，一枝酬十金，劲妙甲于当时，从谦号为‘翘轩宝帚’。”唐时诸葛氏笔备受诗人书家所推崇。

唐代的笔，以兔毫为主，而且大多出自宣州，选料精细，质量高超。它们受到了官府和皇室的高度重视，并且成了每年都要向皇帝进贡的贡品。日本奈良正仓院藏有许多中国毛笔，其中的唐朝毛笔，有斑竹管，有斑竹管镶象牙，也有全管象牙、拨镂碧色之管的。这说明唐代笔的种类繁多、工料精致。

可见，隋唐时期毛笔已经发展成熟并得到广泛应用。毛笔的发明和应用，对印刷术的影响与作用有两点：一是毛笔对汉字的书体演变具有推动作用，为印刷术提供了易于书写和镌刻的规范文字；二是它为印刷术提供了手书上

版、书写字样的工具。

2.纸的完善

纸是雕版印刷术的承印物，是知识和信息的载体。由于有了纸，文化传播才得以完善，并迅速推广开来。纸同印刷术一起，对人类的文化事业作出了重要贡献，都是世界瞩目的中国古代四大发明之一。

如前文所述，造纸术发明于中国汉代，经过蔡伦、左伯、张永等造纸专家的改进推广，逐渐取代了竹帛。晋代至唐代（3—10 世纪）则是造纸历史上最重要的时期。这表现在采用新的造纸原料，不断改进技术，广泛将纸应用于各个领域并将纸向外传播等方面。

晋室东渡以后，首都由洛阳迁至建康（今南京）。社会对于书写与其他用纸的需求与日俱增。虽早在公元 1 世纪前即用纸书写，但是直到这一时期，竹木简牍的书籍才完全被纸制的书籍所替代。史籍记载，在这一时期发现了大批将公元前 3 世纪用竹简制成的书籍。转抄誊写到纸上的书籍，被收藏于秘府（皇家图书馆）。晋代书目中对所有书籍均称为“卷”，而不像过去的书目称“篇”，也足以说明书籍由采用竹简木牍改为写于纸张的变化。

明代学者宋应星所著《天工开物》中的“造纸工艺流程图”形象地再现了古代的造纸术。其工艺过程可以简单地概括为将竹、麻、树皮等原料经水浸、切碎、洗涤、蒸煮、漂洗、舂捣、加水配成悬浮的浆液、捞取纸浆，干燥后即成为纸张。

魏晋时期，造纸原料逐渐增多，有藤皮、草（稻草、麦秆）、橘皮、桑皮、麻竹、荨麻等。东晋时，用纯大麻造纸，质地坚韧洁白、耐水浸。南朝安徽歙县等地出产一种银光纸，纸质光润，洁白如雪，被视为宣纸的鼻祖。当时梁武帝有咏纸诗云：“皎白如霜雪，方正若布棋；宣情且记事，宁同鱼网时。”可见那时的造纸技术已达到相当的水平了。

自这一时期起，纸的制造改进为用极细的竹制帘模抄制，造出均细的薄纸。这时涂布技术也开始得到应用，充分加入胶浆，提高了纸张的吸墨性能，而且在纸张中渗入有杀虫力的染色剂，以便能抗蠹腐而保存久远。这一时期纸开始被染成各种色彩缤纷的笺纸，或被剪成各种形状的装饰用纸。除用于拓印碑石铭文，缮写文件书籍之外，字画、柬帖也均用纸，进而如家用器物中

《天工开物》造纸术第一步，原料分离。用沤浸或蒸煮的方式让原料在碱液中脱胶，并分散成纤维状

《天工开物》造纸术第二步，打浆。用切割机和捶捣的方法切断纤维，并使纤维帚化而成为纸浆

《天工开物》造纸术第三步，抄造。将纸浆渗水制成浆液，然后将浆液灌在篾席织成的帘床上去水，使之成为薄片状的湿纸

《天工开物》造纸术第四步，压纸。将竹帘上的纸膜取下压去水分

《天工开物》造纸术第五步，干燥。将湿纸晾晒干后揭下成为纸张

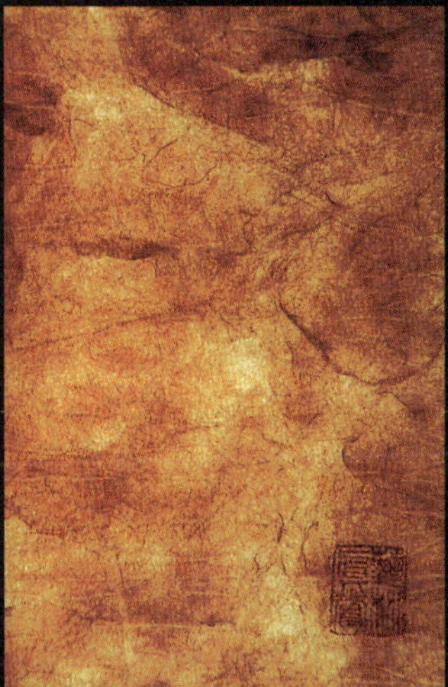

唐代硬黄纸，主要用于佛

之扇、伞、灯笼、风筝等，都开始用纸制成，甚至还出现了厕纸。

20世纪初以来，于中亚各地发现的许多晋代纸的残片，说明纸已由当时的中国境内向境外传播。其中，1900年瑞典人斯文·赫定在楼兰地区发现的一部分残片写有年代，时间相当于252—310年。1914年斯坦因于相同地区发现残纸数百件，为263—280年制成，还有一批古粟特文的纸写文件与信函，年代约为302—313年。1902—1914年间的普鲁士考察团以及1909—1910年间日本西本愿寺考察团也在吐鲁番及高昌地区发现了一些相近年代的纸制文件。20世纪60—70年代中国考古工作者陆续在中国西北部地区发现大批4—9世纪的古纸书籍、文件及其他文物。

另一方面，西晋初年外国制造的纸张也可能已向中国流入。根据文献记载，晋泰康五年(284年)大秦向晋帝献“蜜香纸”三万幅，晋帝赐予当阳侯杜预(222—284年)万幅，用于抄写他所撰写的《春秋释例》及经传集解。有些学者对蜜香纸源于大秦(罗马帝国)之说提出怀疑，并推测蜜香纸在印度支那半岛生产，是以当地所产的一种沉香木制成，亚力山大城的商人来中国途中经过锡兰和越南时购得，权充自己国家的产品进贡于晋室。还有一则记载说晋武帝(265—290年在位)赐张华(232—300年)由越南进贡的“侧理纸”一万幅，用于抄写他所撰著的《博物志》。由于地理上的近邻关系，造纸术很可能极早即由中国传至南方的邻国，而这些国家也可能将当地所产原材料制成的纸张，带入中国贡奉给皇帝。

隋唐时期是我国造纸业的全盛时期，大多数后世的纸的品种和式样在这时都已基本形成。隋代出现了染色纸。唐代，麻纸仍有发展，生产有著名的扬州“麻纸”。以青檀树皮为原料制作的宣纸，不断改进，衍生出了不少品种，如鄱阳白、澄心堂纸等。这时的宣纸纸质坚柔、洁白细腻、丰滑匀整、色泽耐久，长可达50尺，享有“纸寿千年”之誉，被列为贡品。染色纸也在唐纸中占据重要地位。硬黄纸是一种很有名的染色纸，制造时加浆、加蜡，使之坚厚莹滑，再以药汁濡染，使之变黄。这种纸防蛀、防水、防霉烂，最宜于写经。当时还出现了经染色制成的花笺纸，如四川的蜀笺，有深红、粉红、明黄等十种颜色。

由于政治稳定，经济发达，唐代的纸张不但在产量方面突飞猛进，而且在质量方面也有更进一步的改进。政府一方面严格挑选最好的纸张用于书写文件及其他官方的文书；另一方面指定国内某些地区制造质地精美的特殊纸张，专门供应朝廷，称为“贡纸”。史书记载当时向政府进献这类贡纸的有11个地区之多。京师长安的秘书监(皇家图书馆)以及后来洛阳的皇家图书馆都使用产自四川的最佳纸张缮写所藏的全部图书。朝廷各学术机构都设有特别的官职，专门负责染潢、整治、熨烙、装帧等工作，以利书籍的保藏。政府在南方的长江沿岸各地设立了许多造纸工场，在今江苏、浙江、安徽、湖南、四川等地即有纸坊90余处。当时还广泛生产一种大小一致、质量划一的标准纸张，称为“印纸”，供店铺、寺院及官绅之家做账册之用。

从上述可知，纸张自从发明以后，质量得到不断提高，发展到隋唐之际已经具备优良的印刷适性，为雕版印刷的发明奠定了坚实的物质基础。

3.墨的成熟

墨是印刷术的主要原材料之一。印版上的图文，需通过墨转印到承印物上。墨的起源较笔为早。不过早期的墨都是采用天然材料，甚至还有用墨斗鱼腹中的墨汁为墨，进行书写或染色的。而雕版印刷术所使用的墨，是采用一定的工艺方法，由人工制造的人造墨。

印花技术中所使用的墨多为矿物颜料以及植物染料，这是由丝织品的特性而决定的。织物印花由于主要起到装饰美化作用，因而五彩斑斓，以彩色为主。而雕版印刷术，主要应用于纸张，以书籍的形式供人们阅读，因而大多以黑色为主。这是由于纸张基本是以白色为主的浅色调，以黑墨进行书写或印刷，对比强烈，字迹清楚。经过近2000年的实践，人们在阅读中认识到，因为黑色的反射光为零，利于眼睛快速吸收，使人们在阅读过程中产生宁静、舒适、愉悦的感觉。因而古往今来，书籍印刷领域中一直沿用以黑墨为主的原则。

最早记载关于“墨”的文献是战国时期的著作《庄子》。《庄子》上说：“宋元君将画图，众史皆至，受揖而立，舐笔和墨。”在本书的第一章中，我们已经了解到了中国墨发明和在汉代以前的简单情况。在这一节里我们主要讲人工墨在汉代以后的发展情况。

中国古代用墨，秦代以前，以墨粉和水而用。秦汉开始制成墨丸、墨挺，东汉又用墨模压制成各种形状。模压制墨一直延续至今。自汉魏韦诞始，1700余年，制墨名家辈出，品式繁多，技艺精湛。 中国的墨有很多优点，制作也非常

讲究，是享誉中外、中国特有的“文房四宝”之一。制墨技术随着时代的发展，不断得到改进，唐代还设有制墨官。这一时期最为著名的制墨人要数奚鼐、奚鼎兄弟。他们总结前人的经验，改进前人的方法，以鹿角胶蒸化后和入墨中，因而他们制出的墨丰肌腻理、光泽如漆。奚氏自南唐时定居安徽，南唐后主李煜因喜其墨而赐国姓李。他们所制的墨称为“李墨”，当时有“黄金易得，李墨难求”之说。

雕版印刷术中印版特指木版，因而与之相适应的印墨为水性油墨。水墨用于书画和雕版印刷，有着无以复加的良好效果，但它不适于金属版的印刷，因为墨汁不易均匀附着在金属版面上，印刷出来质量欠佳。但是，这并不能说明我国古代没有适于金属印版的油墨。

近年来，韩国学者经常发表论文，论证韩国是金属活字印刷术的发明国。其重要的论据之一便是指出中国古代只有水墨的存在，完全没有适于金属材料的印墨。其实，只要在水性墨中加入适量的胶使墨体比较黏稠，就可以印刷出质量较好的作品，这是很容易做到的。宋代张世南在《游宦纪闻》中说到用松烟墨书写大字时提到：“以黄明胶半两许，用小水盂煎至五分蒸化尤妙。如磨松墨时以胶水两蚬壳研至五色见，浡作再添胶水。俟墨浓可书则止。如觉滞笔入生姜自然汁少许或溶胶时入浓皂角水数滴亦可。”在墨中加入皂角水是一项了不起的发明。皂角水是一种典型的表面活性剂，加入水性墨中，可以使水性墨汁与金属表面有较好的结合力，再加上明胶的作用，这种墨完全可以用于金属版的印刷。虽然早期的油性墨没有实物留存至今，但我们从汉代出土的金属印花版，以及出土的南宋金属印钞版实物中不难想象，适于金属印版的印墨在中国古代早已存在，并且，广泛应用于织物和纸张的印刷中。至少我们可以做出这样的结论：经过适当处理的水性墨与油性墨均适用于金属版材的印刷。

4.雕刻和刷印工具

雕版工具随着手工雕刻技术的出现而出现，随着手工雕刻技术的发展而发展，是印刷术源头时期的产物。金属冶炼技术到商殷时期已日益成熟，有人推断商殷时期的甲骨文字是采用金属刀具雕刻的。更有人根据观察和摹刻实验，认为雕刻甲骨文字用的是含钙量为20%~50%的青铜刀。金属刀具的使用，

雕刻木印版的工具

南宋墨，江苏武进村前南宋墓出土。该墨锭系南宋著名墨工叶茂实所制

木雕版

在手工雕刻技术的发展史上具有划时代的意义。手工雕刻技术采用金属刀具后，必然在形状、硬度等方面不断地对刀具的用料和制作技术提出要求，从而促使雕刻刀具因雕刻原料质地的不同而日益繁多。新的、适于雕刻的金属工具的不断发展，必然导致手工雕刻技艺的发展和提高，促使手工雕刻技术越发成熟和精湛。

古代手工雕刻工具因无实物流传，难以断言。不过人们可从后世，譬如明代徽州刻工所用的工具图中，窥见古代雕版用工具之一斑。

雕刻所使用的工具，大小、形状各异，功用也不同，主要有刀、錾、凿、铲等刃具。刻字刀有斜口或平口，用来刻画版面着墨部分的边缘使其成为阳文的线条，它的刀身可加活动的木柄，以便于使用；錾刀有平口或圆口，在挑刀时作铲空之用；大弯凿或大小剔空刀，为剔空或打空用；平口凿用来铲除刻画后多余的木屑，圆口凿则以木槌敲击柄尾，在直行间铲成一道浅槽；小圆凿为刻圈用；“两头忙”小凿，一端细小如针，用以剔除细密处的木屑。另有单刀凿，为修补与凿空用；铲刀为修补字或切戳用；钉凿为钉空用。此外，还有一些附属工具，如规矩为制版和拉线用，刮镰为刮板用，刨子为刨平版面用，木槌为敲击凿子铲空时用。

印刷在古书中称“刷印”。顾名思义，刷印是采用刷子或者类似于刷子的工具，蘸上印墨，在印版和承印物上刷拭，以达到刷印的目的。这些刷子或类似于刷子的工具，就是中国发明的印刷术中特有的工具，雕版印刷如此，传统的活字印刷也需要。刷印工具主要有制版时用来将图文转印到版面上的平刷，蘸墨和在版面上刷墨的圆刷，刷印用的长刷和拓墨用的软垫等。这些刷印工具，一般多用马鬃、棕榈之类的粗纤维物质制作，制作工艺历代传承，沿用至今。

二、技艺基础

1.图文雕刻技术的成熟

文字、图像的雕刻是雕版印刷的主要技艺。绵延 2000 年的图文雕刻历史，造就了一大批技艺精湛的雕刻工匠，为雕版印刷术的发明奠定了技艺基础。

文字、图像的雕刻，在中国有着悠久的历史。旧石器时代的岩画，就是现在所能看到的最古老的刀刻艺术品。近年来，岩画遗迹屡有发现，为我们考察这门古老的艺术，提供了更直观的材料和史证。如江苏省连云港将军岩下的花岗石岩面上，距今有 1 万多年历史的岩画和文字全是雕刻而成的。其刻线深约 1 厘米，宽约 1~2 厘米，显然不是金属刀具所为，而是用石刀、石斧一类利器刻、凿而形成的。如果把岩面视为一块大型的版，仅从版刻这一角度讲，它就可以被看作是中国最古老的刻在石板上的图画了。至于在陶器、骨器上雕刻凹凸花纹作为图案装饰，更是屡见不鲜，毋庸在此一一列举。可见，在远古时候，中国的先民就懂得用刀刻来进行艺术创作。至于使用的是石刀、骨刀，则无关紧要。因为我们在这里所要追溯的，仅仅是“刀刻”这种技艺方法的产生。

青铜器铭文与印刷术的起源有着密切的联系。青铜器在浇铸前，先要制作泥范，其器物上的图纹、铭文，都需要刻制在泥范上，这需要高超的雕刻技艺。我们认为，青铜器铭文字范的刻制，是雕版技艺的始祖。我们从某些青铜器的铭文中还看出，有的铭文明显为单个字范拼组而成。也就是说，首先要将每个单字刻制成单个字范，再拼组成排列成行的铭文。例如，公元前 7 世纪的青铜器秦公簋的铭文，每字间都有明显的缝隙，有着单个字范拼组的明显痕迹。这种早期的单个泥字范，实际上已类似于后来的活字。因此，也可以从中找到活字的起源。

石刻文字，也有着悠久的历史。商代后期的“妇好墓”中，就出土过现知最早的石刻文字。在《墨子》一书中，就有“书于竹帛，镂于金石，琢于盘盂，传遗后世子孙者知之”的记载，可见自古以来，文字刻石也是记载事件、传播信息的一种方式。

古代的石刻文字有“摩崖”、“碣”、“碑”几种形式。将文字刻于山崖上称“摩崖”，刻于天然形状石头上称“碣”，刻于加工成片状的石板上称“碑”。

刻于公元前 4 世纪的《石鼓文》，是著名的早期石刻文字。它是将文字刻于 10 个近似于鼓形的石头上，每石刻诗一首，约 70 字。10 个石鼓应共有 700 字。原物现藏于故宫博物院。由于年代久远，上面有些文字已很难识别。《石鼓文》的字体是典型的大篆，其书法艺术达到很高水平。

到了汉代，石刻文字的数量更多，规模更大。最著名的是东汉《熹平石

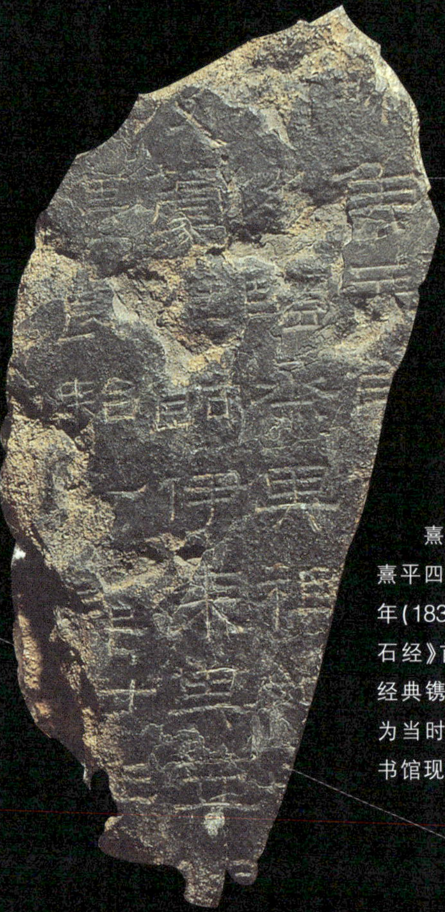

熹平石经残石，始刻于东汉熹平四年(175年)，毕功于光和六年(183年)，皆用隶书所写。《熹平石经》首次将《周易》等七种儒家经典镌刻于石，立于洛阳太学，作为当时传写的正本。中国国家图书馆现藏熹平石经残石189块

正始石经残石，东汉蔡邕书。正始石经刻于三国魏正始年间(240—249年)，称《正始石经》或《魏石经》，书以古文、篆书、隶书，又称《三体石经》。中国国家图书馆现藏《正始石经》残石147块

经》，字体为典型的碑刻文字，是在蔡邕等人的倡议下，经汉灵帝批准而刻制的。从熹平四年（175 年）开刻，到光和六年（183 年）刻成，共刻碑 46 块，高一丈，宽四尺，两面刻字。内容为《易经》、《尚书》、《诗经》、《仪礼》、《春秋》、《公羊传》、《论语》七经，共 20 余万字，是早期规模最大的文字石刻工程。

《熹平石经》刻成后，立于京城洛阳太学门前，供人们阅读、校正和传抄。据《后汉书》记载："及碑始立，其观视及摹写者，车乘日千余辆，填塞街陌。"可见盛况空前。在书籍出版史上，有人称《熹平石经》为石头的书。它在石刻史上以规模大、字数多、影响大而著称，其精湛的文字雕刻技艺，对雕版印刷术的发明也是有一定影响的。

自《熹平石经》后，《石经》的刊刻历代不绝，继有三国魏《正始石经》（《三体石经》），唐《开成石经》，五代《蜀石经》、《宋石经》。北京的云居寺更是珍藏着 14278 块从隋至明末（605—1644 年）刊刻的石经，其中有《大藏经》1122 部 3572 卷，1700 余万字。其时代之久远，工程之浩大，刊刻之宏伟，均为世界之最。

2.捺印与捶拓技术

印章是中国古代具有很强的实用性、装饰性、鉴赏性的古老艺术形式之一，也是促使雕版印刷术得以出现的重要因素。

印章是从新石器时代晚期制造陶器时所使用的印模发展而来。商周时，就已经有了象征权力的玺印。《周礼》中提到的"玺节"，实则就是印章。秦汉之后，印章的使用日渐广泛。印章之所以得名，亦即源自汉代用印封检奏章。纸张替代了简牍等原始的文字载体后，封泥被弃用，代之以颜色印章，使通过刻、印两个程序来取得文图复本成为可能。此后，随着印花技术的进步，印章不仅形制多样，镌刻风格各异，面积也在不断扩大。从现存的实物来看，商、周、春秋、战国之印，多为阴文；秦汉之后，则以阳文为主。这又一次有力地证明，古人对反文印刷的原理是知之甚谙的。而且，印章的反文镌刻比之青铜器的反文铸模，对雕版印刷的启示意义更为深刻。后者是为了器物纹饰的浇铸，前者则已经有了摹刻施印这一基本特征。

印章中的一种叫"肖形印"，即把所需要复制的图案镌刻在印章平面上。《尊古斋印存》辑录有两枚西周印谱，一圆一方，皆为凤鸟形，可见其起源之

早。黄宾虹先生在《龙凤印谈》一文中说:“今所见汉印,往往有青龙、白虎、朱雀、玄武四种。刻录私印上下四方,雕镂工致。”张应文在《清秘藏》中提到汉印有禽鸟、龙虎、双螭、芝草等图形。这类印章具有浓厚的图案味道,对刀刻技艺的要求也更高。王伯敏先生将其比喻成中国最古老的“版画小品”,是有一定道理的,尽管它和后世的版画在制版材料、印制方法及表现内容等方面,还存在着许多的差异。

这种模印的小图像,属于由印花技术至雕印技术的过渡形态,它的推广昭示着雕版印刷术的起源。

碑石拓印技术对雕版印刷技术的发明很有启发作用。拓印起源于何时,历史上未见记载,无论如何,应当是在纸张广泛使用之后。纸张的生产工艺成熟后,当纸的韧性达到一定要求,就可能出现这种将碑刻以及其他器物上的凹凸图文,经拓印而取得复制图文的方法。这种复制图文的方法,已十分近似于印刷术。古代的很多碑刻文字、青铜器铭文、瓦当文字等,就是通过拓印方法而保存至今。据史书记载,在隋代的宫廷的藏书中,拓印品是作为一个专门的类别的。

东汉《熹平石经》刻成后,立于京城洛阳太学门前,成为当时读书人追求的经典,当时很多人争相抄写。特别是到了魏晋六朝时,有人趁看管不严或无人看管时,用纸将经文拓印下来自用或出售,结果使其广为流传。

由于碑刻及青铜器铭文多为正体凹字,经拓印后所取得的印件为反白正体字。瓦当文字多为凸字,经拓印后,所取得的复制品与雕版印刷品相同,为正体黑字。

刻于5世纪的洛阳龙门的碑刻中,有一块石碑的碑文为阳文正体,并带有方格,经拓印后,复制件为阳文正体。在南北朝时期(约556年)的石刻上,刻有阴文反体字,可以直接在碑刻上涂墨,印出正体反白字,其复制的工艺又比拓印要快得多。

拓印工艺为:先把纸铺在石碑上,纸上均匀喷洒白芨或胶矾溶液,再用棕刷轻轻捶打,使纸张完全凹入笔画内。待纸略干后,用拓包蘸墨轻轻在纸面上施墨。施墨时要均匀,由淡而深。当施墨完毕,轻轻揭起纸张,一件拓印品就完成了。拓印有一个最大的优点,就是在纸张的正面着墨,印墨与被拓物(器物或石碑等）不接触，故而被拓物品经拓印后完好如初。这一点与印版必须刷涂印墨完全不同。

三、社会需求

1.佛教传播的需求

佛教兴起于印度。据佛教经典记载，佛祖释迦牟尼诞生于公元前 565 年，与中国的“圣人”孔子大抵同时。释迦牟尼成佛后，便云游于印度各地，广收徒众，传法弘道，佛教由此大兴。释迦牟尼诞生、修道、成佛、传法、入灭的传奇佛教故事，便成为印度佛教文化、中国佛教文化和佛教版画艺术最重要的题材。

史籍记载，汉明帝永平七年（64 年）派遣使者 12 人前往西域访求佛法。67 年，他们同两位印度的僧人迦叶摩腾和竺法兰回到洛阳，带回了经书和佛像，并开始翻译其中的一部分佛经，相传这部分佛经就是现存的《四十二章经》，是《阿含经》的节要译本。同时在首都洛阳建造了中国第一个佛教寺院，就是现今犹存的白马寺。这座寺院据说是以当时驮载经书佛像的白马而得名。佛教作为宗教，得到了当时政府的承认崇信，在中国初步建立了它的基础，可以说，佛教在中国的传播始于汉明帝年代。

73 年，班超出使西域，以后 36 国内属，西域道路畅通。当时著名科学家和文学家张衡（78—139 年）写的《西京赋》就提到“桑门即沙门”。这两个词在古代都是僧侣的意思，可见那时佛教僧徒的存在已经成为引起文人学士注意的社会现象了。

佛教在中国的广泛流行，开始于 4 世纪。当时中国僧界道安法师是一位重要人物，是起了很大的积极作用的佛教领袖。他整理了已译出的经典，撰成了中国第一部“经录”；他极力奖掖翻译事业，并第一次总结了翻译的经验。在他的主持下，翻译了许多重要经论。

南北朝时期，南朝宋、齐、梁、陈各代帝王大都崇信佛教。梁武帝笃信佛教，自称“三宝奴”，四次舍身入寺，皆由国库出钱赎回。他建造了大批寺院，亲自讲经说法，举行盛大斋会。梁朝有寺 2846 座，僧尼 82700 余人，在建康（今江苏南京）就有大寺 700 余所，僧尼信众常有万人。北朝虽然在北魏世祖太武帝和北周武帝时发生过禁佛事件，但总的说来，大部分帝王都扶植佛教。北魏文

瘗鹤铭拓片，南朝梁天监十三年(514 年)刻于江苏镇焦山西麓石壁。拓本高 30 厘米、宽 14 厘米

玄奘像

成帝在大同开凿了云冈石窟；孝文帝迁都洛阳后，为纪念母后营造龙门石窟。北魏末，流通佛经共计 415 部 1919 卷，有寺院约 3 万余座，僧尼约 200 余万人。北齐僧官管辖下的僧尼有 400 余万人，寺庙 4 万余座。在南北朝时，有大批外国僧人到中国弘法，其中著名的有求那跋摩、求那跋陀罗、真谛、菩提流支、勒那摩提等。中国也有一批信徒去印度游学，如著名的法显、智猛、宋云、惠生等曾去印度巡礼，携回大批佛经。

佛教经魏晋南北朝的发展，无论在思想上还是在经济上都为隋唐时期创立具有中国特色的佛教宗派创造了条件。隋文帝统一南北朝后，即下诏在五岳胜地修建寺院各一座，并恢复了在北周禁佛时期所破坏的寺院、佛像。隋文帝广置译场，罗致中外译师、名僧翻译、疏解佛教经典。炀帝继承文帝的保护佛教政策，在扬州建立了著名的慧日道场等，作为传播佛教的据点，并继续发展前代的译经事业。炀帝时佛教十分兴盛，仁寿年间，全国有重要寺院 3792 所，度僧 23 万人。在他向民间搜求异书并召天下工书之人抄书 3 万多卷的同时，还写了 46 部佛经，共 13 万卷。在许多大城市建立佛寺，并将写经置于寺内，“天下之人，从风而靡，竞相景慕，民间佛经，多于六经数十百倍”。

唐代是中国佛教臻于鼎盛的时期。唐朝帝王虽然自称是道教教祖老子的后裔，尊崇道教，但实际上是采取道佛并行的政策。唐太宗在削平割据、平息骚乱时，曾得僧兵之助；在即位后，下诏在全国“交兵之处”建立寺刹，并在大慈恩寺设译经院，延请国内外名僧进行译经、宣化事业，培养出了大批高僧、学者。高宗继位后，在帝都和各州设官寺，祈愿国家安泰。武则天更令各州设大云寺。终唐之世，佛教僧人备受礼遇，赏赐有加。不空和尚曾仕玄宗、肃宗和代宗三朝，出入宫门，封肃国公；入寂后，代宗废朝三日，以示哀悼。唐时中国名僧辈出，对佛学义理上的阐发无论在深度还是在广度上都超过前代，为建立具有民族特点的很多宗派奠定了理论基础。而且唐代佛教信仰已深入民间。

因此，经过隋文帝、唐太宗、武则天等统治者的提倡，举国上下对佛教的信奉几乎达到了狂热的地步，激发起整个社会对佛教典籍的大量需求。

2.科举制度的兴盛

中国古代科举制度起源于隋代。隋统一全国后，为了适应封建经济和政治关系的发展变化，为了适应封建统治阶级参与政权的要求，加强中央集权，便把选拔官吏的权力收归中央，用科举制代替九品中正制。隋炀帝大业三年(607 年)，开设进士科，用考试办法来选取进士。唐玄宗时礼部尚书沈既济对这个历史性的变化有过中肯的评价："前代选用，皆州郡察举……至于齐隋，不胜其弊……是以置州府之权而归于吏部。自隋罢外选，招天下之人，聚于京师春还秋住，乌聚云合。"

推翻隋朝的统治后，唐王朝的帝王承袭了隋朝传下来的人才选拔制度，并做了进一步的完善。由此，科举制度逐渐完备起来。唐时每年分期举行各种考试。各级人才考试繁多，难易不同。

当时流传有"三十老明经，五十少进士"的说法。可见举国上下读书赶考的盛况。因而民间对于科考类书籍的需求量不断增大。

雕版印刷术发明以前，书籍全靠人工抄写。汉代，随着社会对书籍需求量的增加，自然催生了专职的抄书职业——佣书。佣书代表了中国图书发行事业发展过程中的重要阶段，对图书出版业的发展具有不可忽视的作用。《后汉书·班超传》所载的"永平五年，兄固被召诣校书郎，超与母随至洛阳。家贫，常为官佣书以供养"即记录了班超佣书的故事。

这种抄经盛况，还可以从敦煌发现的大量佛经写本实物得到证实。敦煌藏经洞发现的古文献，从 4—10 世纪的都有，总数达四五万件之多，其中大多数为写本。这些古文献中佛教典籍占总数的 98%以上，其中《妙法莲花经》、《大般若经》、《金刚经》等均有大量复本。绝大多数佛经是佛教信仰者发愿写的——为父母、丈夫、妻室、儿女、亲戚、朋友而写，其中有的是自写，有的是请人抄写。这些存世的佛教典籍反映了大众的需求。

综合以上的社会发展情况，佛教的兴盛，需要大量的佛经佛画；科举制度的推行，对书籍的需要量大增。抄写作为一种复制图书的方法，不仅费时费力，而且容易出现错漏，在短时间内也很难传抄出大量复本，已无法满足当时社会的需要。

自然，人类印刷史上的第一个里程碑——雕版印刷术应运而生。关于雕版印刷术发明的情况，我们可以简要概括为隋唐时期的中国，人们在印花技术的启发下，在纸、笔、墨等工具材料发展成熟后，创造出了雕版印刷术，开始为人类的文化传播服务了。

第三节
早期的雕版印刷品

一、史书记载的早期雕版印刷品

隋人费长房的《历代三宝记》一书记载："开皇十三年(594 年)十二月八日,隋皇帝佛弟子姓名敬白……属周代礼常,侮蔑圣迹,塔宇毁废,经像沦亡……做民父母,思拯黎元。重视尊容,再崇神化。废像遗经,悉令雕撰。"这里所说的"雕撰"就是刻印佛像佛经。不过,对此印刷史学界历来存在不同的看法。

明代学者陆深(1477—1544 年)在《河汾燕闲录》一书中说："隋文帝开皇十三年十二月八日,敕废像遗经,悉令雕撰。此印书之始,又在冯瀛王先矣。"

根据明朝时候邵经邦《弘简录》一书的记载:唐太宗的皇后长孙氏收集封建社会中妇女典型人物的故事,编写了一本叫《女则》的书。贞观十年,长孙皇后死后,宫中有人把这本书送到唐太宗那里。唐太宗看到之后,下令用雕版印刷把它印出来。贞观十年是公元 636 年。《女则》的印行年代可能就是这一年,也可能稍后一些。这是我国文献资料中提到的最早的刻本。从这个资料来分析,雕版印刷发明的年代,一定比《女则》出版的年代更早。

唐末冯贽《云仙散录》卷五引《僧园逸录》说："玄奘以回锋纸印普贤像,施于四方(一作众方),每岁五驮无余。"玄奘法师雕印普贤像是在 645—664 年之间。

旁证文献之一,是玄奘本人在《大唐西域记》中的一段话："内外典籍,穷究幽微,辞论清高,仪范闲雅。"玄奘介绍说："年渐七十,耽读不倦。余艺捐废,惟习佛经。策励身心,不舍昼夜。印度之法,香末为泥,做小窣堵波(塔),高五六寸,书写经文以置其中,谓之法舍利也。数渐盈积,建大窣堵波,总聚于内,常修供养。……三十年间,凡作七拘胝(原注:唐言亿)。"

旁证文献之二,玄奘弟子彦悰在《大慈恩寺三藏法师传》卷十(688 年)亦

称，玄奘晚年于唐高宗显庆三年至龙朔三年(658—663年)五年间“皆为国造塔及营经像，给施贫穷并外国婆罗门客等，随得随散无所贮蓄。发愿造十俱胝(佛)像，百万为十俱胝，并造成矣”。造字在唐人用语中指“印造”，即印刷。冯贽和彦悰的记载可互相印证与补充，讲的是同一件事，数量也吻合。玄奘、彦悰书中所提“七拘胝”、“十俱胝”，是梵文koti的音译。稍早于玄奘的玄应于《一切经音义》卷二十四中解释说：“或言俱致此当亿。谓千万也，或十万为亿，或万万为亿。”在这里，七拘胝或十俱胝只能理解为70万或100万。因原书本注称“拘胝唐言亿”、“百万为十俱胝”，玄奘印造百万枚佛像，与770年日本印百万枚陀罗尼份数相同。在当时社会条件下百万张无疑乎是个天文数字了，但是拥有众多信徒和资金支持的佛教，借助雕版印刷术的力量，并不会有太大的难度。

玄奘所印《普贤菩萨像》为单张印刷品。玄奘每年印刷佛像数量很大，以每马驮100~125千克，五马驮500~625千克，换算成纸相当20~25万枚，五年可达百万枚。这在我国印刷史上称得上是最早的一次大规模的出版传播活动。可惜实物今已无传。

二、早期印刷品宝库——敦煌藏经洞

早期的印刷品实物，流传至今者十分稀少。

1900年，敦煌藏经洞的发现，被称为20世纪世界文化史上最有价值的发现。至今敦煌学已经发展为一门世界性、综合性的科学。藏经洞内藏大量唐五代的文献，除有大量的写本外，还有30多个品种1000余件印刷品，从而使人们能看到当时印刷品的风貌。藏经洞发现后，先后有英国人、法国人、日本人、俄国人来到这里，盗走了大量珍贵文献，其中印刷品几乎全部被外国人盗走。

敦煌是汉唐时期中国与中亚、南亚以及西方交通的重要通道，是著名的“丝绸之路”上的一颗璀璨的明珠，是东西方文化交流的会合点。一批批的宗教信徒，随着商路的开通，纷纷云集在敦煌。从宋代以后，随着海上丝绸之路的开通和发展，曾经十分辉煌的敦煌逐渐为人所忘却。

1900年的敦煌莫高窟是一个冷冷清清的地方。6月的一天，旅居在此地的一名道士，名字叫王圆箓，他雇人对这些洞窟进行了整修。在清理第十六窟

般若波羅蜜菩薩教化經
尒時月光王菩薩白佛言世尊護十
地行菩薩云何行可行云何行化衆
生以何相衆生可化佛言五忍是菩
薩法伏忍信忍順忍无生忍寂滅忍
五忍分上中下名為諸佛菩薩脩般若
波羅蜜善男子初發想信恒河沙衆
生脩行伏忍於三寶中生習種性十
心信心精進心念心慧心定心施心
戒心護心願心迴向心是為菩薩能
少分化衆生已超過二乘十地諸佛
菩薩長養十心為聖胎也次第起乾

三国魏正始八年（247 年）管辂写本《般若波罗蜜菩萨教化经》

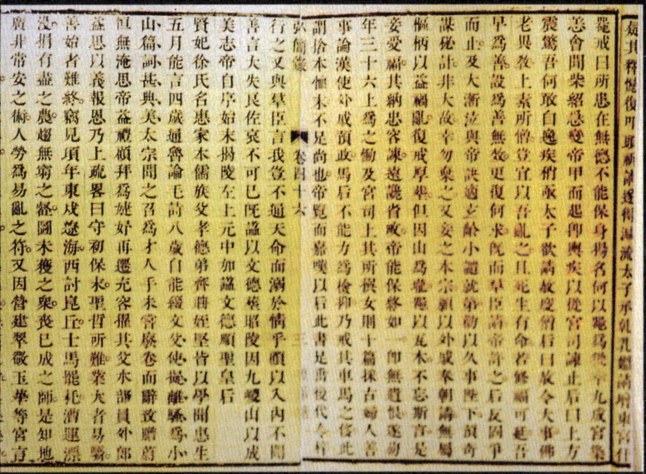

罷戒曰所患在無德不能保身揚名何以寵為然乎九成宮集
急會聞柴紹急變帝甲而起抑輿疾以從宮司諫止后曰上方
震驚吾何敢自逸疾稍亟太子欲請赦度僧后曰赦令大事佛
老異教上素所惛豈宜以吾亂之且死生有命若修福可延吾
早為善設為善無效更復何求況而草臣請帝許之后反因爭
而止及大漸泣與帝訣適玄齡小譴就第勸以久事陛下謹奇
謀秘計非大故幸勿棄之又妾之本宗緣以外戚奉朝請無屬
樞柄以益禍亂復戒厚葬但因山為壟器以瓦木不忘斯言是
妾受賜其納忠容諫遠讒省畋帝能保終如一即無遺恨遂崩
年三十六上為之慟及宮司上其所撰女則十篇採古婦人善
事論漢使外戚預政馬后不能力為檢抑乃戒其車馬之侈此
謂捨本恤末不足尚也帝覽而嘉嘆以后此書足垂後代令梓
弘簡錄 卷四十六
行之又與群臣言我豈不通天命而溺於情乎顧以入內不聞
善言大失良佐哀不可已既謚以文德葬昭陵因九嵕山以成
美志帝自序始末揭陵左上元中加謚文德順聖皇后
賢妃徐氏名惠家本儒族父孝德弟齊聃姪堅皆以學聞惠生
五月能言四歲通論語毛詩八歲自能屬文父使擬離騷為小
山篇詞甚典美太宗聞之召為才人手未嘗廢卷而辭致贍蔚
恒無淹思帝益禮顧拜為婕妤再遷充容擢其父水部員外郎
益思以義報恩乃上疏畧曰守初保末聖哲所難業大者易驕
善始者難終竊見頃年東戍遼海西討昆丘士馬罷於湾運漂
沒相有盡之農趨無窮之壑圖未獲之衆喪已成之師是知地
廣非常安之術人勞為易亂之符又因營建翠微玉華等宮宵

《弘简录》一书记载李世民于贞观十年(636 年)令梓行《女则》一书

甘肃敦煌莫高窟外景

时，奇迹发生了，一位被雇来清理洞窟的老农，在吸烟休息时，发现墙壁是空的。他赶忙告诉王道士。王道士也很诧异，料想其中必有宝物。他是一个小心翼翼的人，于是故作镇定，轻描淡写地把这件事应付过去了。晚上，他悄悄打开伪装的窟壁，打开洞口。出现在他面前的东西让他大吃一惊：里面堆满了卷子、绢画和各种佛教法器。他拣了一些完整的写经和一些绢画，送给当地的官绅。于是，敦煌有古物的消息不胫而走。

王道士发现的这些所谓古董就是“敦煌文书”或“敦煌遗书”，其内容有佛教、道教、摩尼教、景教等宗教文献，有儒学经典，有官私文书，还有藏文、于阗文、突厥文、回鹘文、梵文、粟特文、希伯来文等现已成为“死文字”的多种文字写本，是 5—11 世纪敦煌繁荣的历史见证。如此丰富的文书是何时被封上的？又是因何原因而封上的？这些问题从藏经洞被发现至今，一直是一个个悬而未解的谜。有人认为洞中的文书是被敦煌各寺集中在一起的废弃物，即所谓“废弃说”；还有人认为洞中的文书是为免遭战乱而有目的地藏起来的，即所谓“避难说”。

第一个掠取这批宝物的外国人叫斯坦因，当时在英国所属的印度政府供职，他是一位考古学家。斯坦因于 1907 年来到敦煌，几经周折，终于买通了王道士，当斯坦因进入藏经洞时，眼前的一切使他惊喜不已，那密密麻麻的手抄本几乎堆得有 3 米高。信手抽阅几本，更让他叹为观止，因为这些古老的卷轴毫无残缺的迹象，完整如新，既不见破裂，甚至连一页也没有松脱。洞窟在沙漠边缘的断崖下，900 多年来雨雪不侵，里面极为干燥，正是最好的藏书地方。斯坦因从中挑选了许多好的写本、绢画等，拉了满满 24 箱写本和 5 箱艺术品，经过长途跋涉，于 1909 年运到了英国伦敦，入藏英国不列颠图书馆。后来，他经过研究认为，这些写本和绢画及佛教法器等，都是宗教用品，具有神圣性，是不可随意毁弃的，于是，当时的宗教人士就把这些没多大用处的东西集中在一起，封存下来。同时，斯坦因根据所见到的写本和绢画上所题写的时间最晚是 11 世纪初，断定这个藏经洞封闭于 11 世纪初。

法国人伯希和是一位汉学家，不仅精通汉语，而且还精通中亚的几种文字，当时供职于设在越南的法国远东学院，负责为该院收集有关中国的书籍、艺术品等。1908 年，他来到莫高窟，当进入洞内时，虽然洞内的宝物已被斯坦因洗劫了一部分，但剩下的东西也足以让这位法国的汉学家大饱眼福，他决心把全部藏品翻看一遍，再挑选自己认为最宝贵的东西。伯希和是一位汉学家，比较内行，所以他掠取的文物虽然数量上没有斯坦因多，但质量远远高出斯坦因所洗劫的文物。伯希和根据他所掠取的文书，认为这些文物是为了躲避当时的战乱而被封起来的。1036 年党项人攻占敦煌，虽然很快被沙州回鹘人赶走，但敦煌在 1068 年还是被党项人建立的西夏占领。藏经洞中的藏品中没有西夏文书，而且藏品的堆放也没有一定的顺序和分类，所以伯希和认为在党项人第一次攻打敦煌时，为躲避兵灾，当时的僧人匆忙将这些东西堆入洞中，封了起来。

藏经洞被打开之时，正是腐败的清王朝走向末日之际，从政府到地方官员根本没有投入精力和财力来保护这些国宝。更为可悲的是敦煌藏经洞的发现者王道士以及所在地区的权贵都愚昧无知，缺乏民族责任感，使得藏经洞的命运更是悲上加悲。敦煌藏经洞中共出土文物 5 万余件，目前国内所藏藏经洞的文书仅有 9000 多件，大量的珍贵文物却身在异乡。

三、现存其他早期雕版印刷品

冯鹏生编写的《中国木版水印概说》一书中指出，隋大业三年（607 年）的一件单页发愿文为雕版印刷品。他认为图中的彩色为手工敷彩。这在当时是一个全新的观点。关于这件文物的具体情况下一章有较为详细的介绍。

1974 年，西安市西郊西安柴油机械厂工地唐墓出土梵文陀罗尼咒单张印本。出土时该经咒被卷曲放置于死者佩带的铜臂钏内，故而展开后较为残破。经咒呈方形，尺寸为 27 厘米×26 厘米，印在麻纸上，纸的中央有 7 厘米×6 厘米的空白方框，左侧黑墨手书“吴德□福”等字。方框外围四周印以密宗典籍的咒文，四面皆 13 行，印文四周有边框包围，内外边框间距 3 厘米，其间印有莲花、花蕾、法器、手结印契和星座，版框最外围印以绳索纹样。这些图案与隋唐之际密教菩萨造像所示相符。同时出土有规矩四神铜镜等。陕西考古学家韩保金先生通过对这批文物的研究，将该陀罗尼咒定为唐初（7 世纪初）的印刷品。它比咸通九年（868 年）的《金刚经》早了约 200 年；比 770 年日本称德天皇印制的陀罗尼咒大致早了 100 余年；比韩国佛国寺释迦塔发现的印本《无垢

唐代梵文陀罗尼经，陕西西安出土

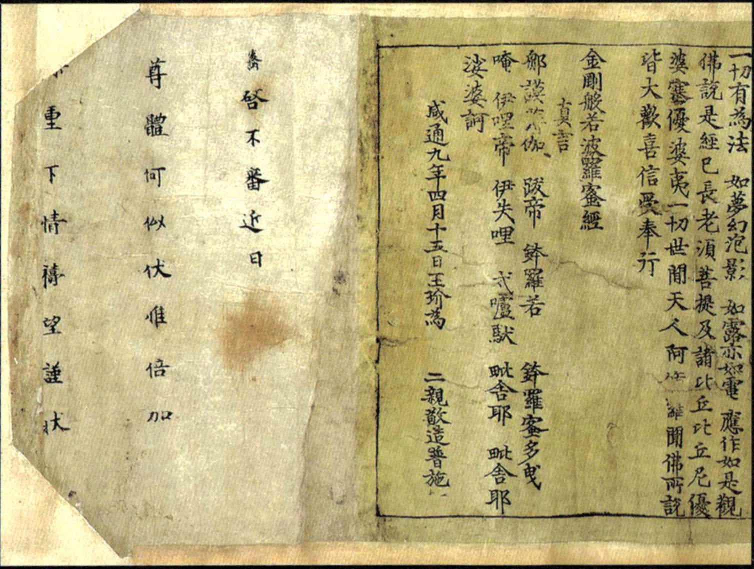

唐咸通九年(868年)，王玠敬造《金刚经》，英国不列颠图书馆藏

净光大陀罗尼经》也大约早半个多世纪。

1906年，在中国新疆吐鲁番发现了刻印的《妙法莲花经》卷五《如来佛寿品第十六》残卷及《分别功德品第十七》全卷。这两卷刻印的佛经，最初归于清末新疆布政使王树楠，不久易手于日本人江藤涛雄，最后由中村不折购得。20 世纪 50 年代初，日本著名版本目录学家长泽规矩也对该印本进行了鉴定。根据经文中有武则天时期通行的制字，他将该经卷定为中国武周时期的刻本。科技史专家潘吉星先生进一步认定，该经卷属武周初期至中期(690—699 年)的印刷品。这说明武周时期中国已经能刊印宽幅长卷的雕印品。这件印刷品现藏于东京书道博物馆。

1966 年韩国庆州佛国寺佛塔内出土了一件印刷品《无垢净光大陀罗尼经》，为卷轴装，总长 640 厘米，共 12 张印纸，纸高 6.5 厘米，版框上下单边，每行 7~9 字，刻以唐人写经楷体。印品中出现有四个武则天创造的制字，共 8 处。经国内外学者认定，为唐代武周后期之物，约于 702 年刻印于东都洛阳，之后流传到当时新罗王朝，置于佛塔内作为镇塔之物。

1900 年，在敦煌莫高窟藏经洞发现了一卷印刷精美的《金刚般若波罗蜜经》，经卷最后题有“咸通九年四月十五日”字样。唐咸通九年即 868 年。这件由 7 个印张粘接而成、长约 4.98 米的《金刚经》卷子，图文风格凝重，印刷墨色清晰，雕刻刀法纯熟，是迄今所知世界上最早的有明确刊印日期的印刷品。《金刚经》卷子一度被世界印刷史学界公认为世界上最早的书籍。1907 年，经卷被英国人斯坦因带到英国，现藏英国不列颠图书馆。

1944 年，在成都市东门外望江楼附近一唐墓中出土了一件印刷品《大隋求陀罗尼经》，略呈方形(31 厘米×34 厘米)，上刻印“成都县龙池坊卞家印卖咒本”等字。专家将该印本定为晚唐(9 世纪)之物。

在唐中期以前，民间已广泛用雕版印刷历书，而且分布地域很广。虽然皇帝下令禁止，但实际上禁而不止，因为历书是需要量很大的书籍，是不可缺少的工具书，所以民间一直未停止印刷。特别是到了唐朝末期，历书印刷更从四川、淮南等地发展到江东一带。在现存的唐代印刷品中，有两件民间印刷的历书。一件是唐僖宗乾符四年(877 年)印本历书，内容除记载节气、月大、月小及日期外，还印有阴阳五行、吉凶禁忌等杂记，与后代宋、元、明、清的历书无太

大差别。另一件是唐僖宗中和二年(882 年)印本历书残本,该本虽然残缺不全,却非常难得地保留了"剑南西川成都府樊赏家历"字样和中和二年的纪年。这两种历书同为现今世界最早的历书之一,原件都出土于敦煌石室,现均存于英国不列颠图书馆。

以上文献记载和实物流传证明,雕版印刷术"肇于隋时,行于唐世"的说法是可信的。

第五章

南北朝隋唐五代时期的彩色印刷

隋唐时期是中国封建社会发展的高峰，典章制度方面多有建树，如三省六部制、科举制、两税法等，对后世影响深远。尤其是唐朝初年，社会空前繁荣，出现了“贞观之治”，当时的唐王朝在政治、经济、文化等各方面都居于世界领先地位。隋唐对外采取较为开放的政策，中外经济文化交流频繁。文学方面，唐诗成就最大，以初唐陈子昂，盛唐李白、杜甫，中唐白居易、元稹，晚唐李商隐、杜牧为杰出代表。韩愈、柳宗元倡导的古文运动，对后世影响甚大。颜真卿的书法，阎立本、吴道子、李思训、王维的绘画，《霓裳羽衣舞》等音乐舞蹈，以及众多的石窟艺术，均流传后世。

科学技术在隋唐时期也有很大发展。天文学、历法、地理学、医药学等方面以及农业、纺织、陶瓷、建筑、航海等技术都取得了不少新的成就。唯物主义思想家柳宗元、刘禹锡等人批判了有神论和天命论，发展了朴素的唯物主义自然观。中国四大发明中的火药和雕版印刷术均出现于这一时期，彩色印花技术更是大行其道。

第一节

北朝及西凉印花织物

秦汉以后，我们现在能见到的印花织物最早的实物出现在北朝。这一时期，秦汉时常用的凸版直接印花工艺均不见记载。从现存的实物来看，汉至唐这段时期主要出土的染缬织物以绞缬和蜡缬为主。绞缬工艺是一种纯染色工艺，而蜡缬印花是一种镂空花版的防染印花工艺，这种工艺历代传承，直到现代。

1959年，新疆于田屋于来克古城北朝遗址共出土三种四块印花织物残片。其中一种蓝底白花毛织品残片共保存有两块。残片上方的一块纹样较大，花朵七瓣，以略小的花朵组成菱形，内填稍大的花朵。下方的一块纹样较小，以七瓣花朵和圆点交叉排列。它们的纹样都很单纯，却具有双重的装饰效果，上方略小的花朵是相邻的菱形共用的，对左右、上下稍大的花朵起环绕作用；下方的图案既可视为花朵组成菱形环绕圆点，又可看成圆点组成菱形环绕花朵。这种多重效果的装饰方法显示出很高的设计水平，时至今日，仍被经常运用。这是用镂空花版加防染剂的蓝底白花毛织物，从其花纹能看到印版痕迹。花纹用大小点构成，但花点互不连接，没有花版的接版现象。

与上述蓝印花毛织品同时出土的还有一块方格纹毛织品，长 15.7 厘米，宽 12.5 厘米，为绿地白花。其印制工艺当与第一种蓝底白花毛织物相同。于田屋于来克古城北朝遗址还出土了一片长 11 厘米、宽 7 厘米的蓝印花残片，但这是一块棉织品。其上也为白色花纹，图案线条十分复杂。由于花型较大，残片上的图案仅为局部，无法想象整体的画面。但从纹样中交错的白色线条来看，该蜡缬花版应当为薄型版材，很可能是纸版或者皮质版材。

1967 年，新疆吐鲁番阿斯塔那北区第 85 号墓出土了西凉(400—421 年)蓝色蜡缬绢。绢长 19.5 厘米、宽 3.4 厘米。该印花绢的印制工艺同北朝蓝印花毛织物的工艺大致相同。单元图案以圆点七瓣花为中心，四周用圆点组成菱形框围绕，花纹边缘印制效果非常清晰。

第二节

隋代敷彩佛像

1983年 11 月 30 日，纽约克里斯蒂拍卖行出版的《中国书画目录》中第 363 号拍品为《敦煌隋木刻加彩佛像》。这幅木刻加彩佛像呈正方形，长 32 厘米、宽 32 厘米，麻纸。画面呈旧米黄色，以黄檗汁入潢，画边磨损，有残破处，略有褪色和污迹。该画已经过后世裱装，画幅上端明显见有类似画心的补纸。画幅四边有墨线，画面描绘了南无最胜佛和两名侍从。佛居画中，作行走状，右侍从迎佛顶礼膜拜，左侍从手执钵器，作供养状。佛与侍从均衣着飘带，有背光，但背光颜色不同，佛圆光为蓝色，右侍背光为赭色，左侍背光为紫色，光色有深浅层次。此幅下部，有蓝地的墨栏，书写九行，中间一行书“南无最胜佛”，另八行为“大业三年四月大庄严寺沙门智果敬为敦煌守御令狐押衙敬画二百佛普劝众生供养受持”。

著名印刷史学家张秀民在《中国印刷史》中对该画发表了看法。他认为隋初尚无雕版印刷，而且根据此画上又有“敬画”二字，故“文中称敬画而不说敬印，则非印本可知。”

克里斯蒂拍卖行拍前约请北京荣宝斋木版水印专家冯鹏生，木版水印大师王荣麟、孙树梅鉴别，取得共识。王荣麟大师经过仔细观察之后，高兴地说：“此图足堪珍贵，虽不见原作，但视其边框和画面线条，属雕印无疑……”冯鹏生先生在《中国木版水印概说》中说：“众人皆知，凡过去的木版画，都是先由画者创作，后进入雕版印刷，至今依然。倘若未睹原物或不顾及画幅是否有印刷的痕迹，而单纯地依画幅有‘敬画’二字，便断然否定为非印本的观点是轻率的。依图细观，下部的题字有双勾填墨的迹象，即字体先印出墨线，而后填墨。这大抵是印刷术尚未成熟阶段的一种印刷方法。”

对于该画还有许多不同意见。从“木刻加彩”及画上的线条特点来看，有学者认为大业三年(607 年)作为雕版印刷术的萌芽阶段，还达不到这么高的刻印水平。还有专家认为，从装裱痕迹看，似乎后加上去的，因此此像为“赝品”。其实还有第三种可能，即原作为画，后来经复制为印刷品，但保留了原稿

甘肃敦煌出土的木刻加彩佛像

蓝色印花毛织品。上方残片长 19 厘米、宽 4 厘米，下方残片长 11 厘米、宽 7 厘米，新疆于田屋于来克古城遗址出土

北朝蓝色印花棉织品，长 11 厘米、宽 7 厘米，新疆于田屋于来克古城遗址出土

西凉蓝色印花绢，长 19.5 厘米、宽 3.4 厘米，新疆吐鲁番阿斯塔那北区墓葬出土，新疆维吾尔自治区博物馆藏

画作者以及作画的时间，也就是说这不一定是隋代的印刷品。

中国印刷博物馆于 2006 年在美国纽约展出期间，曾多方打听该画的下落，试图对该画的制作方法一探究竟。遗憾的是，由于该画已被美国私人收藏家购得，无法一睹它的风采。如果该画确认为隋大业三年印刷敷彩作品的话，那么它的价值是无法估量的。

第三节
唐代印花技术

隋唐时期，染色作业的分工更加细密了。唐朝官府的练染作坊，就分青坊、绛坊、黄坊、白坊、皂坊、紫坊等部门。

唐代用于丝绸染色的植物染料不下 30 种，用色更加鲜明富丽，颜料的挑选与制作更加精细。红色染料历来以西北最为有名，南北朝时就有“凉州(今甘肃)绯色为天下最”的说法。尽管传统的茜草在唐代仍见使用，但因其色暗滞，逐渐失去人们的宠爱，故而被红花取而代之。唐朝全国都种植红花，尤其是四川的红花产量很多，所以当时“蜀红锦”驰名于天下。唐朝的基本色，除红、黄、青这三种原色以外，还特别长于运用间色和再间色。以红为例，由“退红”(即粉红)到“胭脂红”，中间就包括许多不同的等级。

唐朝诗人有许多描写各种艳丽色彩的衣裙诗句，如：

翡翠黄金缕，绣成歌舞衣。(李白)

红裙妬杀石榴花。(万楚)

山石榴花染舞裙。(白居易)

染作江南春水色。(白居易)

练丝练丝红蓝染，染为红线红于花。(白居易)

带缬紫葡萄。(白居易)

画裙双凤郁金香。(杜牧)

诗人们所描写的彩色，红的胜过五月的石榴花，青碧的有如翡翠，浅蓝浅绿的好似江南的春水，紫的好像紫葡萄，黄的胜过黄金，浅黄的好比郁金香。

一、唐代彩夹缬

夹缬是依靠木制花版夹住织物进行防染所得到的产品。据宋代王谠所著《唐语林》记载："玄宗柳婕妤有才学，上甚重之。婕妤妹适赵氏，性巧慧，因使工镂板为杂花，象之而为夹缬。因婕妤生日，献王皇后一匹，上见而赏之。因敕宫中依样制之。当时甚秘，后渐出，遍于天下。"这说明唐玄宗时柳婕妤曾用镂板夹染丝织品图案。日本正仓院收藏的中国晚唐白地花鸟纹及绀地花树双鸟纹夹缬絁，便是保存至今的彩色夹缬印染实物。

对照其他史料来看，夹缬出现的年代的确应当在盛唐之际。最早记载有彩色夹缬被子的吐鲁番文书《天宝某载行馆器物账》中有明确的纪年是在天宝八年(749 年)以后。其余如白居易诗句"成都新夹缬"和"黄夹缬林寒有叶"，以及载有"缺缬衫子"和"甲颉一段"的敦煌文书，描写的均是中唐之际的彩缬盛况。今天出土的唐代夹缬实物十分丰富。只是，迄今为止盛唐之前的夹缬实物还很少出现。吐鲁番出土的白地葡萄纹印花罗和天青地花卉纹印花绢，均是天宝十年(751 年)之后的产物；吐鲁番还有一部分夹缬产品现存于旅顺博物馆，是唐代较晚期的产品。敦煌发现的一些夹缬产品年代最早也不会早于盛唐。

最可惜的事情，莫过于盛行于唐代的彩色夹缬制作技术今已失传，只有单色夹缬的制作工艺尚存于民间。日本、韩国都在研究唐代彩夹缬的工艺，许多学者做了各种模拟还原试验。夹缬所用的印版无疑是木制花版，其型制颇多，但彩色夹缬最有可能是凹纹版。凹纹版不同于镂空版，它像浮雕一样雕刻，凹处夹不到织物，可以染色，凸出处则夹紧织物，染不上色而呈本色。但两块凹纹版对夹浸染，通常只能获得除地色之外的一种单色。而从唐代留存于世的多色彩缬来看，则可能采用了凹纹版和镂空版结合的方法，即凹纹版在下，图案对应的镂空版在上，中间夹紧紧地夹着织物。此时，每一色区(用凸纹分隔)就像一个小小的染池，可以根据不同的需要注入不同色彩的染液，染得图案。

这种镂空版与凹纹版相结合的夹缬花版设计，较之后世学者研究的复原工艺有以下几个明显的优点：首先，它与史料中所载"镂板为杂花"没有矛盾。

鲜艳美丽的唐代彩夹缬，花树鸳鸯纹夹缬褥面局部图，日本正仓院藏

鸟图夹缬屏风，高141.3厘米、宽48.2厘米，日本正仓院藏

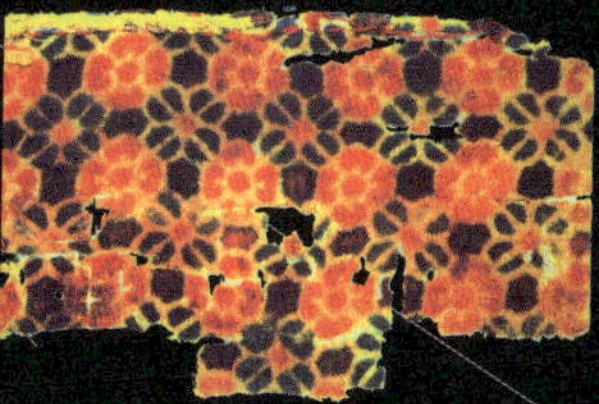

唐代红花绿叶连续纹夹缬残片，甘肃敦煌出土。伦敦维多利亚与阿伯特美术馆藏

单色夹缬版，中国丝绸博物馆藏

"镂板"明确指的是用刀雕刻木板。其次,现在还能弄清它在技术上的来龙去脉。早期印花的凸纹版、雕版印刷术印版,加上魏晋时期蜡缬工艺中的镂空版等,均为唐代夹缬的凹纹版和镂空版提供了技术基础。而当代民间遗存的单色夹缬版也是凹纹版,这应当是由唐代夹缬变化而来。第三,用这种组合方式复原的夹缬版能解决唐代夹缬实物提出的所有技术问题,如植物染料如何上染,色区界线为何如此分明,为何会出现封闭圆线纹样,织物边缘为何都有色彩等等。

不过应该指出,不同色彩组合的印花品可能需要应用不同的工艺。也许凸版也需要用于彩夹缬,有些印品可能还要应用防染花版来结合防染技术。我们期待着会有更多、更加翔实的史料被发现,以彻底揭开千年彩夹缬工艺之谜。

二、唐代蜡缬和灰缬

蜡缬最早用蜂蜡进行防染。方法是先将蜂蜡施于织物之上,然后投入染液进行染色,染后除蜡,便得到粲然可观的图案。蜡缬至今仍在广泛使用,俗称蜡染。

由于蜡缬的花地界线特别分明,没有任何晕色层次,故与带有晕色效果的夹缬区别明显。然而,并非所有没有晕色层次的印花产品都是蜡缬。有学者研究表明,在早期吐鲁番出土并被定为蜡缬的唐代产品中有不少应是碱剂印花的效果。此外,敦煌莫高窟之前发现的部分染缬织物中也有类似现象,也被普遍认为是由于碱剂存在于防染剂中所引起的。由于唐代碱剂以草木灰或石灰为主,后世史料中亦有灰缬的记载,故而我们将其称为灰缬。灰缬所用防染剂含有碱性已为学术界所肯定,但这种防染剂究竟以什么作为主要原料至今尚不清楚。从后世蓝白印花织物(亦有绸)所用黄豆粉拌石灰来推测,唐代灰缬用的防染剂也很有可能由淀粉类材料加石灰或草木灰等碱剂拌制而成。

灰缬的种类根据工艺的不同,约有以下几种:一种是素色的灰缬,它在未曾脱胶的生丝织物上印上碱剂,印有碱剂的部分经水洗后就脱胶变软,这在新疆吐鲁番出土物中有所发现,但亦有可能是件半成品。第二种是单套防染,得到深地白花的效果,如吐鲁番出土的大量朵花印花纱。第三种是两套防染,

北朝绞缬绢，新疆维吾尔自治区博物馆藏

唐代狩猎纹夹缬绢，长 43.5 厘米、宽 31.3 厘米，新疆维吾尔自治区博物馆藏

唐代圆点蜡缬，青海都兰热水出土

唐代蓝地蜡缬绮，青海都兰热水出土

唐代湖蓝地云头花鸟纹蜡缬，绢长 19 厘米、宽 7 厘米，甘肃敦煌莫高窟 122 窟窟前出土

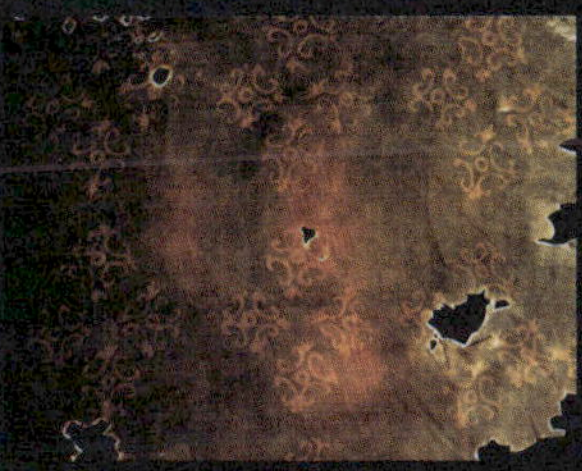

唐代绿地十样花灰缬绢

得到三种色彩的图案，如吐鲁番出土的柿蒂朵花纹印花绢和圆点宝花纹印花绮，但其印花的具体工艺还有待研究。

唐代的蜡缬和灰缬上防染剂的方法主要有三种：一是手绘上防染剂，得到比较自由的图案；二是点蜡法组成图案，以几何形为多；三是用型版印制。这种型版与夹缬型版比较接近，但似由对称的两块镂空版组成，在宋代仍有遗存——“其法以木板二片镂成细花，用以夹布，而熔蜡于镂中。而后乃释板取布投诸蓝中，布既受蓝，则煮布以去其蜡。故能受极细斑花，灿然可观。”但是，这种型版的大小却有不同。据研究，一般来说，它是由两块对称的夹版夹持而印的，每版的宽度恰好就是织物幅宽的一半，但其长度则可根据图案的要求而定，约在 20~50 厘米之间。

1965 年，在敦煌莫高窟发现一批唐代丝织物，其中的蜡缬织物均染成单色，所印花纹边缘整齐而清晰。纹样的题材有描绘动植物的花鸟纹、图案化的散花和团花。属于花鸟纹一类的有黄地蜡缬绢、蓝地蜡缬绢和绛地蜡缬绢，在绢面上显出翱翔的飞鸟、浮游的水禽、盛开的花朵和流动的彩云，具体形象又富于变化，用笔洗练概括，形象栩栩如生，是蜡缬中的佳作。花鸟纹与新疆吐鲁番唐墓出土的绛地花云蜡缬绢的题材和构图很接近。莫高窟初唐 331 窟西壁佛龛顶部画的流云、小花，以及南壁西方净土变中的水禽，与蜡缬织物的纹样也颇有共同之处。图案化的散花中有六瓣花、四瓣花、柿蒂花纹样和小簇团花。在莫高窟初唐壁画中可以看到很多绘有类似这种纹样的蜡缬绢、绛地蜡缬绢。

敦煌 130 窟出土的三件团花和四出团花纹样的绢和纱，花纹复杂而精致，团花直径达 7 厘米。这样大而精美的纹样，显然是使用了镂花夹板的蜡染方法。其中的一件绿地团花绢是考古发现中唐代蜡染织物的精品。这类团花纹样在莫高窟初唐、盛唐洞窟的藻井、佛、菩萨塑像的服装上都是屡见不鲜的，它和新疆发现的团花锦的纹样结构也有相似之处。

中国丝绸博物馆藏的新疆吐鲁番阿斯塔那墓出土的十样花印花绢，为中唐印制，尺幅为 40 厘米×28.5 厘米。小窠团花纹样在隋到初唐时十分流行，敦煌壁画或西安等地的隋唐初墓葬所出彩塑中多有描绘。出土的也有大量的织锦，多作团窠状，联珠环中小团花、联珠环外十样花。这件小窠团花印花织物

(见后页)是其中非常典型的一件,它用稀松的平纹作地,带有碱性物质的防染剂印出花纹,然后再染以红色,可以称为灰缬。图案循环不大,未脱离柿蒂纹的原型,但却是标准的团窠排列,主花与宾花两两错排。由此可见唐代小团花图案的流行。

三、凸版印花

前面的章节介绍了汉代马王堆印花纱、磨咀子印花篋。但奇怪的是,秦汉之后一直到唐代,这种工艺似乎消失了,因为我们再没有发现用这种工艺印制的实物。唐代出土的印花纱绢也只有少数是直接印花的。

莫高窟中出土的凸版印花成品,即唐玄宗时期的“联珠对禽纹绢幡”,长 13 厘米,宽 8 厘米,现藏于敦煌文物研究所。联珠纹绢是汉代凸版印花技术的再现。有专家将这件唐玄宗时期的联珠纹绢的印制工艺确定为刷印。唐代刷印染缬是考古发掘中第一次被发现。刷印联珠纹绢的发现,为我们研究唐代的印染技术提供了一项新的材料。这种单面刷印的染缬方法,是用木板先雕刻出凸起的反向花纹印版,再把染料涂在印花版的花纹线条上,然后铺上丝织物施以压力,于是与印版接触面便显出清晰的花纹。从工艺上讲,这与雕版印刷术完全一致,不同的是这里的承印物是丝绸。这件印刷品的发现也有力地证明了唐初雕版印刷术的流行。这件刷印织物,其经纬线极为稀疏,不适于生活实用,或许是专为佛教用品或生活用品做装饰用途而制作的。与该文物一起被发现的还有多件纸质捺印佛像。这件遗物对研究我国印刷术的发展历史,无疑具有重要参考价值。

新疆吐鲁番阿斯塔那唐墓出土的许多花式新颖的印花绢纹样,均为花与花相互隔离的浅色地散点式排列, 有些小圆圈花样的内外圈仅一线之隔,反映出薄型印花版的特征,表明唐代已有可能采用油绢或纸张等薄型材料来刻制花版印花。

还有几件新疆吐鲁番出土的唐代(581—907 年)印花丝织物,有不闭合的小圆圈花样,其内外圈有一线相连。印制这类图案的型版绝非一般镂刻所能达到,可能在镂空处保持连接点,并以生丝及黏附材料等加固而成。这种型版印花技术的创举,为后来丝网印刷的出现奠定了初步的基础。

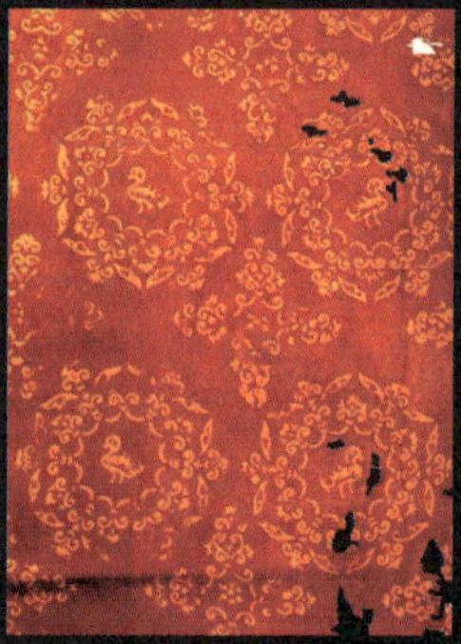

窠团宝花水鸟印花绢，新疆吐鲁番阿斯塔那古墓出土

唐代黄色印花纱，长 57 厘米、宽 31 厘米，新疆吐鲁番阿斯塔那北区第 108 号墓出土

唐代花卉纹夹缬幡，新疆吐鲁番阿斯塔那出土

唐代彩绘佛像，甘肃敦煌出土

木捺佛像残片，红色，高 17 厘米，宽 2.5 厘米

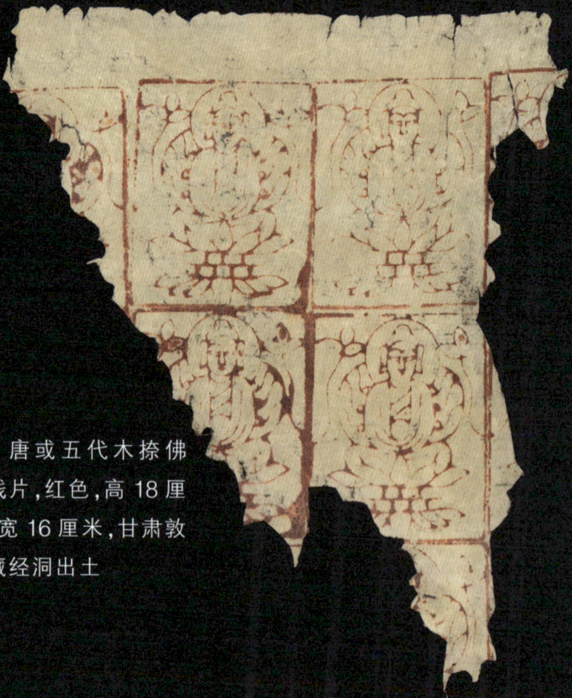

唐或五代木捺佛像残片，红色，高 18 厘米、宽 16 厘米，甘肃敦煌藏经洞出土

第四节
唐与五代雕版彩印的萌芽

唐代至今日，已达千年。千年的时光对于纸制印刷品近于保存极限，故尽管唐刻本流行于世，递代相传至今者，鲜有所闻所见。所幸敦煌石室及个别墓室秘藏，今天的人们才能得见数纸，这已经算是不幸中之大幸。存世的纸质雕版印品大都来自于敦煌藏经洞。而藏经洞地处大唐边陲，尽管当时喧嚣繁荣，但所出土的藏品还是难以反映大唐盛世雕版印刷术发展的全貌。今天，我们还是只能从存世的几种珍贵印品中来初步研究当时的工艺情况。我们期待着将来有更多更加具有说服力的宝物重见天日，让中华民族光辉灿烂的印刷文明内容更加丰富翔实。

雕版印刷开始只有单色印刷。萌芽时期的以纸为载体的彩色雕版印刷品的最初的表现形式，是敦煌藏经洞出土的数件红色、黑色捺印佛像以及存世的版印和敷彩相结合的印刷品。

一、捺印彩像

捺印佛像，是将佛教图案刻在印模上，依次在纸上轮番捺印。印模图案多种多样，既有在莲台上结跏趺坐的佛陀，也有头戴宝冠，偏袒扶膝而坐的菩萨，另有戎装的武士像、仕女像等。据罗振玉所言，他曾亲眼见过这种印模。他在《敦煌石室秘录》中说：其印“上刻阳文佛像，长方形，上安木柄，如宋以来之官印，乃用以印像者，其余朱尚存”。上面有柄，当是捺印时便于着力的把手。近年在新疆库车发现的18世纪印模，上亦安有木柄，证明罗氏所言不虚。用印模捺印的佛教图像，按构图加以分类，大致有以下三种：

一是用同一颗印模在纸上依次捺印，形成完全相同的一组佛像。英国不列颠图书馆所藏敦煌出土的一纸手卷就是一件很典型的作品，全长约5米，所印佛像多达468个。

二是用不同的印模依次轮番捺印，达到变换形象的效果。英国不列颠图书馆藏有一幅千佛图，就是四颗印模轮番使用，用朱色捺印成八段。俄罗斯东

方研究所圣彼得堡分所亦藏有一件出自敦煌的朱印佛像残卷。两图尽管皆已破旧残缺，昔日完整时的精彩明艳依然可以想见。

三是在纸的上半部依次平行捺印佛像，下书佛名，是谓“千佛名经”。这种形式，敦煌发现的经卷中也有不少。自唐至清的佛教版画中，仍保留有这种形式，可见其影响之远。明初盛行的上图下文版式，似应也是其流裔。若进而论之，在敦煌发现的手绘、手抄经卷中，也有依次绘写佛像、下书佛名的卷子，更可以看出所谓“千佛名经”的渊源所在。

这一类捺印的千佛像，从功用上讲是信徒用以宝藏供奉以求佛、菩萨赐福，故一般来说刻制、捺印都颇精细。所用纸张是经药物特殊处理过的，采用防虫蛀的黄色纸，更显得古趣盎然。宋代刻印佛教经图，亦多用质地较硬的黄色纸，或者其源流即在于此。

二、唐代敷彩印刷品

除上述之外，印刷史家鲜有提及的是，以新疆吐鲁番为中心，库车、克孜尔、喀喇和卓等地，曾经也是唐代佛教经图的一个重要刊印场所。吐鲁番为唐王朝和中亚进行交流的交通要道，自 9 世纪初至 11 世纪，佛教极为兴盛。19 世纪末至 20 世纪初，来自西方和日本的大批“探险家”，如瑞典的斯文·赫定、日本的大谷光瑞、法国的伯希和、德国的克莱门茨等，在这里多次进行发掘，掠走了大批珍贵文物。据印度学者查娅·帕塔卡娅所著的《中亚艺术》载录，现在德国柏林印度艺术博物馆中藏有出土自这些地区的、9—10 世纪的印刷版 13 块。从该书附载的照片看，皆为木板雕刻，刻有迷宫、花叶、几何图形等错综复杂的线性图案，有些图案与中国青铜器上的纹饰相类。由于没有相应的印品出土，我们只能对这些木雕版的用途作一些推测：可能是施印于绢帛等丝织物之上的，也可能是印于纸上的。如果印于丝织物上，那自然是刷涂彩墨的；如果是印在纸上的印版，那么版上涂刷什么颜色、什么质地的墨是一个值得深入考察和研究的问题。

另据查启森先生在《介绍有关书史研究的新发现与新观点》一文中，提及 20 世纪 80 年代前后，《全国善本书总目》巡回检查组在陕西听说前几年曾于修水库工程中自唐墓中出土一片经咒，系雕版印刷品，中间是彩色佛像，四周

墨捺佛像捺印于《杂阿毗昙心论》卷十背，高14.5厘米，宽11厘米

木捺佛像归义军时期卷轴装，首尾残，长125厘米，高28厘米，英国不列颠图书馆藏

唐代千佛像木雕版

为回文咒语。查文说："如果此传闻确定的话，则套版印刷在唐代已有实物了。"郑如斯、肖东发先生撰写的《中国书史》，亦提及此事。

1975年西安西部唐墓中出土的《汉文陀罗尼经咒》印本为麻纸印品。印品为正方形，边长35厘米，有残损。内容分三部分，中心长方框内，为人物绘像，经咒咒文环绕于四周，四周外为印制的各式手印。正中方框宽4.6厘米、高5.3厘米。框内绘二人像，一站立、一跪踞。经咒文环绕于长方形框外四边，每边各18行，行标以墨线相间，咒文外围以双线边栏，边栏长29厘米。边栏外3厘米宽的边上，印有一周佛手印契，栏边各有手印12种。经咒印文为汉字音译，咒文环读。

近年来，通过对该画仔细研究，多数专家均认为中间彩色佛像是以单色黑印版印刷出轮廓，再采用手工填色的方法印制的。因此，这件《汉文陀罗尼经咒》的存在至少体现出在雕版印刷术的初始阶段，人们就有了利用它来印制彩色图画的愿望和企盼，这对后来出现的单版涂色及套版印刷都有一定的启示作用。

三、五代敷彩印刷品

五代十国只有53年的历史，朝代更迭频繁，但是在雕版印刷方面并未受到很大的影响，而是在唐代的基础上持续地发展。当时已能雕刻整部书籍，不仅仅包括佛教典籍，经、史、子、集各个门类都开始大量印刷发行。冯道主持刻印的儒家《九经》，是印刷史上划时代的创举。这是历史上由政府主持的第一次大规模儒家经典的刻印。这次刻印工程是在国子监进行的，它开创了国子监印书的历史。五代时的蜀相毋昭裔私人出资印刷复制了许多书籍，可以称为历史上私家刻印书籍的第一人。

五代时期的敦煌地区称为瓜州、沙州。曹氏三代统治瓜、沙二州140多年，曹氏祖父子孙的升官晋爵，在敦煌石窟的画像上都有反映。其中以曹元忠执政时间最长，留下的遗物也最多。曹氏一家是十分虔诚的佛教信徒。他们刻印了大量的佛像广泛散发。敦煌藏经洞出土的五代时期雕版单页愿文中的造像内容主要有：毗沙门天王像、救苦观世音菩萨像、文殊菩萨骑狮像(即新样文殊)、阿弥陀佛如来像、圣观自在菩萨像、地藏菩萨像、普贤菩萨骑象像、四金

冯道画像

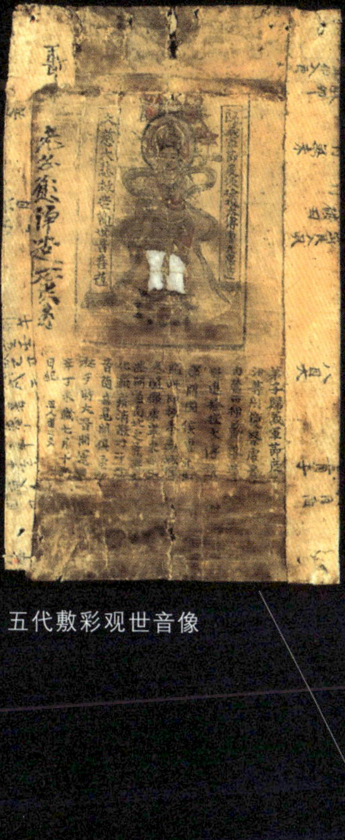

五代敷彩观世音像

陕西汉文陀罗尼经，陕西西安唐墓出土

刚像、大随求陀罗尼轮曼荼罗图、观世音千转陀罗尼曼荼罗图、无量寿佛诸陀罗尼轮图、观世音菩萨像、净土变相图，以及各类“印佛”式千佛像、千菩萨像和一佛二菩萨说法图等小印本尊像画集，也包括《千佛名经》插图式印佛小像。

2005年10月，中国中央电视台国际频道播出了一期《敦煌版画研究》的节目。在节目中，敦煌研究院研究员谢生保认为：“明代发明的是套色彩色版画，但彩色版画的起源要比套色版画早几百年，要寻找它的源头，就得从填色彩色版画说起。在敦煌藏经洞出土文物中，就保存了四幅中国最早的填色彩色版画：《大慈大悲救苦观世音菩萨像》和《大圣地藏菩萨像》，以及两幅《圣观自在菩萨像》。它们都是雕版印刷，用红、黄、绿等颜色填色，上图下文，图文并茂，时间在唐宋之间的五代，距今1000余年。”

实际上，五代刻印的这种上图下文的单页愿文出土量相当大。仅《大慈大悲救苦观世音菩萨像》就有数件，法国国家图书馆东方写本部、上海博物馆、国家图书馆均有收藏。该印品下部配有文字13行：“弟子归义军节度使沙州等州观察处置管内营田押蕃落等使，特进检校太傅谯郡开国侯曹元忠，雕此印板，奉为城隍安泰，阖郡康宁。东西之道路开通，南北之凶杂顺此。厉疾消散，刁斗藏音。随喜见闻，俱治福佑。于时大晋开运四年丁未岁七月十三日化。匠人雷延美。”从中，我们可知此件印本的年代为后晋开运四年，是我国迄今发现的最早的留有刻工姓名的雕版印刷品。刻工姓名能在印本中留存，是我国印刷史上的一个重要标志，说明当时雕版印刷术的发展和雕工地位的提高，这对后世印刷业的影响是很大的。

《大慈大悲救苦观世音菩萨像》版刻图为长方形，雕版印刷的观世音赤足踏于莲花上，飘逸的长带自双肩绕过两臂，作波浪纹垂于足下。莲花、观音的衣衫及飘带均用红、绿二色手绘。最为醒目的是观音像的腿部填入了与黑色字迹反差极大的白色。该白色颜料历经千年，依然洁白明艳，值得当代学者研究借鉴。《大慈大悲救苦观世音菩萨》为独幅雕版佛画，称得上是众多五代单页发愿文中的代表作。观世音菩萨身后的背光和足下的台座都刻得很精致，图案意味极浓，完全是一幅可以悬挂在厅堂中以便信徒供奉、膜拜的菩萨像。这说明中国的古代版画艺术从一开始就是以两种形式出现的：一是用作书籍

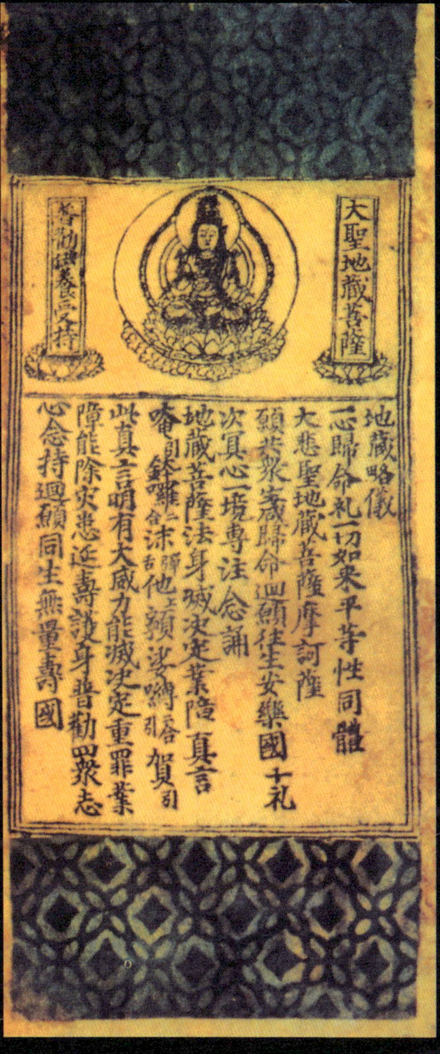

五代刻印地藏菩萨像

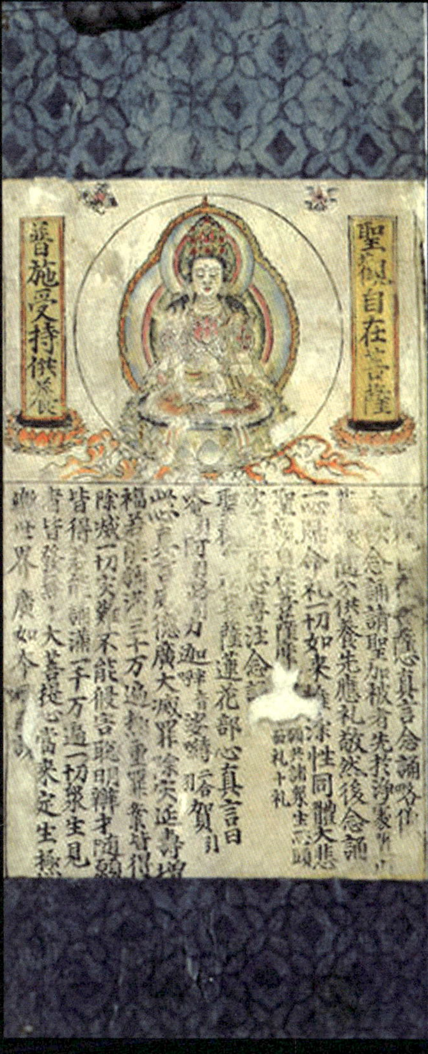

五代圣观自在菩萨像

的插图，二是独立的艺术品。前述的经咒、供养受持笺等，实际上都属于后者。

现藏法国国家图书馆编号为 P.4514 的藏品，是法国人伯希和从藏经洞带走的一个完整的包袱。实际上这是一包十分珍贵的敦煌版画合集。其中的一幅《地藏菩萨像》，其右侧题“大圣地藏菩萨”，左侧题“普劝供养受持”。图下有《地藏略仪》：“一心归命礼一切如来平等性同体，大悲圣地藏菩萨摩诃萨，愿共众生咸归命回愿往生安乐国十礼，次冥心一境专注念诵……普劝四众志心念持回愿同生无量寿国。”该幅版画完全采用黑墨单版印刷，独具匠心的是，同时在天头地脚处印刷了四瓣花文的图案，并且进行了手工填色的印后加工，使之具有用锦缎装裱的视觉效果，端庄肃穆。

另外两幅五代雕印的《圣观自在菩萨像》，长 26.2 厘米、宽 18.2 厘米，印于楮纸上。上栏雕印观自在菩萨像，作结跏趺坐于莲花座上，左手执莲花，右手作说法手印。菩萨被环绕于墨线同心圆圈中，天空撒有鲜花，菩萨下布有海浪，本尊左右两旁置有莲花座供奉字牌。左边字牌题“圣观自在菩萨”大字一行，右边字牌题“普施受持供养”大字一行，下栏雕印发愿文 14 行。该幡墨印填彩，施以大红、品红、黄、绿、蓝五色彩绘，天头地脚均与《地藏菩萨像》一样印出了四瓣花纹图案，然后再手工填上蓝色。这是敦煌所出印刷敷彩版画中用色最多的一件印品，格调极为鲜明典雅，整个雕版印画线条清晰，字迹古朴。

第六章

宋辽金时期的彩色印刷

印刷术经过唐、五代几百年的发展，技术已日渐成熟。进入宋代后，由于政府的重视和提倡，印刷业大兴，揭开了印刷史上最辉煌的一页。

宋代统治者积极支持科技创新发明、选拔重用科技人才的政策，无疑对北宋科技的繁荣、科技人才的辈出提供了宽广的社会历史背景，因此，宋代的科学技术繁荣兴盛。印刷业的兴盛，为发展教育和知识的传播创造了条件。同时，宋代浓郁的文化科技氛围也促进了印刷技术的发明创新。

除了宋之外，在北方先后有契丹建立的辽国和女真族建立的金国，在西北有党项族建立的西夏国。这些地区的印刷业也都有了突飞猛进的发展。雕版印刷技术更趋成熟，印书量大增，品种包括儒家、道家、佛教以及诸子百家、经史子集各个门类。印刷部门包括政府机构、民间作坊、私宅寺院以及各级学校。

宋版书流传至今者已为数不多，历代藏书家都以拥有宋版书为荣，素有“一页宋版书，一两黄金”之称。宋版书不仅年代久远，而且校勘精细，刻印精良，纸墨上乘，这都表现了当时高超的印刷技艺。

马克思曾指出,中国古代的火药、指南针和印刷术“是预示资产阶级到来的三大发明”。英国著名哲学家培根早在1620年也说过:“中国包括印刷术在内的三大发明改变了整个世界事物的面貌和状态。”他还说:“没有一个帝国,没有一个教派,没有一个大人物对人类事业的影响能像这三种机械发明那样巨大和深远。”马克思和培根所提到的印刷术,指的就是北宋毕昇所发明的活字印刷术。

北宋著名科学家沈括详细地记录了毕昇发明泥活字的工艺过程,包括活字制作、排版、存储、印刷等一套完整的工艺。活字印刷术的发明并非偶然,其背后的基础是北宋繁荣的雕版印刷业。毕昇作为一名印刷工匠,在长期的实践摸索中发明了活字印刷术。他的这一发明,是印刷术从雕版印刷发展到活字版印刷的标志,是印刷史上的伟大里程碑。

除了活字印刷术的发明外,宋代的印刷业技术创新还表现在年画印刷的出现和彩色纸币的印制等方面。

第一节 织物印花技术

宋代是一个染缬盛行的时代。

宋、辽、金、西夏时期的染料主要仍是植物染料,除前代广泛使用的染料之外,郑樵《通志》中首次提到:“鼠李,可以染绿。”鼠李,又名牛李、绿柴、冻绿,是一种非常特殊的染绿染料,自宋代后在中国被广泛应用于染绿,并在国际上被称为“中国绿”。在宋代的练染工艺中,白矾和绿矾是最为常用的媒染剂。当时,媒染剂的开发和使用得到相当的重视。另外,由于矾受到控制,民间又多以草木灰或山矾代替。山矾,又名碇花。黄庭坚说:“江南野中碇花极多,野人采叶烧灰以染紫为黝,不借矾而成之,因以易其名为山矾。”

宋辽金时期纺织品印染技术达到了新的高度,凸纹版和镂空版等印花型版的制作非常精巧,印浆配制更为合理,颜色印花工艺更臻完美,夹缬和蜡染技术也有新的发展。

举世闻名的活字印刷
术发明人毕昇塑像

丝绸之路沿线出土的 13 世纪回鹘文木活字

一、彩色印花织物

从文献史料看，宋、辽、金、西夏时期的染缬丝绸相当流行，染缬丝绸大量出现在市民服饰上、发卖于彩帛铺中。文献记载，开宝初，洛阳贤相坊染工人姓李，能打装花缬，众谓之“李装花”。这里所说的装花缬很可能就是夹缬的一种。南宋时朱熹任浙江提举时曾举报台州唐仲友：“仲友自到任(婺州)以来……又乘势雕造花板印染斑缬之属，凡数十片，发归本家彩帛铺充染帛用。”这里的“花板”当然是指夹缬版。

宋代官服甚至连军服也用染缬，以致宋朝官府为了区别军民或厉行节约，发布了一些禁令。如天圣三年(1025年)诏令：“在京士庶不得衣黑褐地白花衣服并蓝、黄、紫地撮晕花样，妇女不得将白色、褐色毛段并淡褐色匹帛制造衣服，令开封府限十日断绝。”政和二年(1112年)又诏令：“后苑造缬帛。盖自元丰初，置为行军之号，又为卫士之衣，以辨奸诈，遂禁止民间打造。令开封府申严其禁，客旅不许兴贩缬板。”

诏令中所说的撮晕花样，指的可能是绞缬工艺所制成的产品，而“缬板”无疑是指夹缬版。夹缬是用两块刻成对称花纹的凹凸版相互夹制进行防染印花。虽然今天没有发现北宋的夹缬，但在辽代遗物中却有不少发现。最初的一件是在山西应县佛宫寺发现的《南无释迦牟尼佛》夹缬作品，长65.8厘米、宽62厘米，可能采用了三套色夹缬加彩绘的工艺。关于这件印品我们将在后文作专门的介绍。

另一批夹缬产品出土于内蒙古辽庆州白塔天宫，所出染缬产品共11种，保存相当完好，非常珍贵。从花版的形式来分析，这批夹缬使用了凸版和凹版两种形式。凸版用凸处夹持织物而无边框，凹版仅比凸版多一边框，使染液无法进入夹版区域，区域中为白地色花，而凸版是色地白花。从夹版尺寸看，可以分成几种规格，一种如云雁夹缬绢，夹版尺寸约19厘米×36厘米，通常是对折相夹，多为凸版；一种是10~12厘米×10~12厘米，常四折相夹，但有斜夹和正夹之分，可以得到不同的效果，常为凹版，如萱草夹缬罗、松树夹缬罗均为凹版斜夹，莲花夹缬罗等则为凹版正夹；还有一类以圆点为主的凸版夹缬，较难判断其版型尺寸——因为不同大小的花版，理论上均能印出同样的效果。

辽华盖纹夹缬罗，法国巴黎吉美博物馆藏

辽云雁夹缬绢，内蒙古巴林右旗辽庆州白塔出土

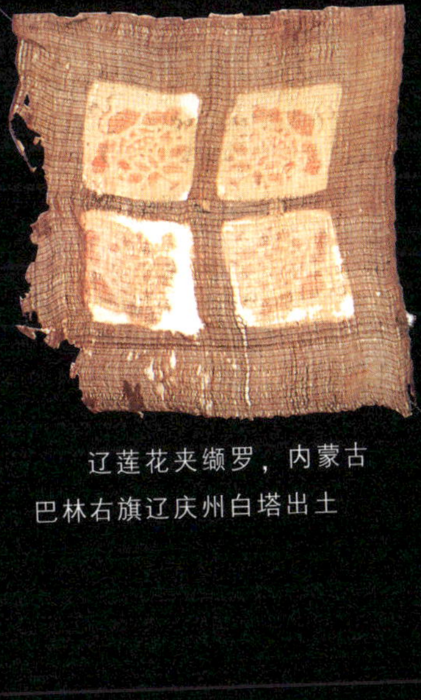

辽莲花夹缬罗，内蒙古巴林右旗辽庆州白塔出土

辽圆点凸版夹缬罗，内蒙古巴林右旗辽庆州白塔出土

此外，丝绸染缬的技术还可以从其他一些少数民族及其他地区的棉布印染中得到旁证。如南宋时嘉定及安亭镇生产的药斑布是一种颇受大众欢迎的产品。“嘉泰中有归姓者创为之。以布抹灰药而染青，候干，去灰药，则青白相间，有人物、花鸟、诗词各色，充衾幔之用。”据周去非《岭外代答》记载，南宋时瑶族人生产的“瑶斑布”，则是用镂刻着花纹的两片木板夹住布料，将蜡熔化后灌注到镂空的花纹中去，然后染上蓝色，再煮布去除其蜡，就得到极细的斑花。蜡染布独具特色，深受时人特别是瑶族人民的喜爱。这种方法是将蜡缬与夹缬结合在了一起，即先用镂空版像夹缬那样夹住坯布，然后注蜡防染印花，得到图案。瑶族人“花衣斑斓”的瑶斑布，成为一方风俗。这种瑶斑布即自唐代的灰缬发展而来，只是到宋代已主要用于棉布，但从此仍可以看出丝绸染缬的工艺类别。这类产品目前在贵州安顺等地还有生产并远销国内外广大地区。

银川拜寺口双塔出土的方胜婴戏印花绢和方塔出土的折枝花印花绢也是这一时期的代表印品。其特点是采用较浓的植物染料，将均匀的色彩直接刷印在丝织物上，因而色彩非常鲜艳。这类印品经常是多套色，而且印刷的痕迹很重，图案上可以看出印花版的刻刀痕迹。折枝花纹用的是两套色彩，一套为红花，一套为黑叶，先印红花，再印黑叶。而方胜婴戏印花绢则用红色花版印出联珠、花卉和童子形状，再用黄色涂染牡丹叶、童子项环和肚兜，最后用一套墨色印出童子、枝藤的轮廓和所有的牡丹叶。同类产品在新疆一带出土的织物中也可以找到。20 世纪初，德国人勒柯从新疆盗走的丝织品上有彩印佛像，与这两件银川出土的印绢效果非常接近。

二、南宋印花技术

1975 年 10 月，福州市浮仓山发现了一座南宋墓葬，墓主人为年轻女贵族黄昇。其中出土了大量的丝织品。黄昇墓总共出土服饰 201 件，整匹丝织品及剩料 153 件，其中有大量带有印花领袖和衣襟的丝绸服饰。服饰的对襟和缘边，多镶上一条印花与彩绘相结合或纯彩绘的花边，计 79 件。其中袍 8 件，衣 39 件，裙 15 件，单条花边 9 件，还有印花裙 3 件，印花单幅料 1 件，巾 3 件，印花香囊 1 件。这批面世的印品数量大，花色品种全，印品制作工艺几乎涵盖了

辽印金花树紫色罗，内蒙古阿鲁科尔沁旗耶律羽之墓出土

西夏方胜婴戏印花绢，宁夏银川拜寺口双塔出土

西夏折枝花印花绢，宁夏银川拜寺口方塔出土

宋代盛行的全部印花技术。因此,可以说,黄昇墓是我国宋代印花织物的宝库。

黄昇墓中出土的印花品按照工艺特点可以分成三大类:

1.凸纹印花加彩绘

织物的凸纹版印花,是根据所设计的纹样,在平整光洁的硬质木板上雕刻阳纹的花纹图案,再将厚薄适宜的调配好的色浆涂在花纹版上印出花纹图案的底纹轮廓,这是印花彩绘工艺的第一步;然后在印纹的基础之上描绘敷彩;最后往往还需用白、褐、黑等色或以泥金勾勒花瓣和叶脉。这是汉唐以来凸版印花的继续和发展。宋代的这种阳纹版印花,多为成组图案的条饰花边。镶在袍、单衣、夹衣、裙和花边条饰上的纹饰,采用多种花谱,印绘结合,组成各种花纹图案。这种印花和彩绘相结合的方法,部分代替了手工描绘方法,在一定程度上提高了生产效率。

花边装饰是宋代最流行的服饰搭配手法,与唐代华丽的满地印花服饰风气不同,从中我们也能看出宋代知性雅致的审美情趣。采用这种技术制作的花边,仅出土袍的对襟花边就有印花彩绘百菊花边,印花彩绘鸾凤花边,印花彩绘牡丹、芙蓉花边,印花彩绘木香花边等多种印花纹样。单、夹衣的对襟花边有印花彩绘海棠、锦葵、鹿狮花边,印花芙蓉、人物花边,印花彩绘蝶恋芍药花边,印花彩绘牡丹、水仙、海棠、梅、兰、菊、山茶、桃花等组成的图案花边四种印花纹样。裙缘的花边又发现五种印花纹样:印花彩绘荷花、白苹、慈姑、水仙花边,印花彩绘兰花、蔷薇、碧桃花边,印花彩绘飞鹤彩云花边,印花彩绘山茶边花,印花彩绘梅、菊花边。出土的 12 单条花边的纹样有 3 种:印花彩绘芍药缨珞花边,印花彩绘凤凰花边,印花彩绘狮子戏球花边。

2.印金技术

宋代的印金工艺是指在花纹版上蘸上泥金,再上过薄浆,将其固着在熨平光洁的丝织物面上,或直接印出金色轮廓的技术。印金在辽墓中也有发现,较为典型的一件是耶律羽之墓出土的印金花树领缘紫色罗袍。该袍领上的金色花树纹样有着极为明显的界线,在显微镜下看不出任何黏合剂的痕迹,但可看出金箔有翘起的情况,推测是用极微弱的黏合剂将金箔压印上去的。

黄昇墓中印金工艺分为两种:

福建福州南宋黄昇墓出土的紫灰色绉纱镶花边窄袖袍，小襟边印金芙蓉、菊花等

福建福州南宋黄昇墓出土的褐色罗印花褶裥裙，素地印小团花

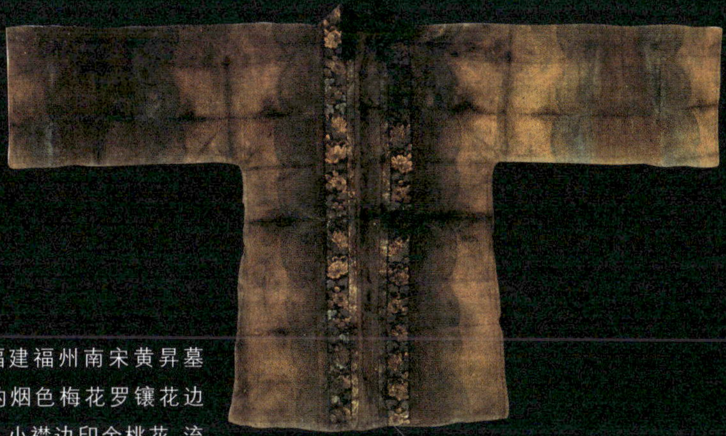

福建福州南宋黄昇墓出土的烟色梅花罗镶花边单衣，小襟边印金桃花、流苏等

泥金印花：泥金印花是在阳刻图案的纹版上蘸上调制的泥金，并在上过薄浆的、平整后的丝织物上直接印出花和叶子的轮廓，最后叶内再填彩，成为印金填彩的花纹。黄昇墓中有56件袍、衣、裙的花边，是用这种泥金印花方法制作的。印金花纹有荷花、慈姑、白萍、牡丹、芍药、梅花、月季、蔷薇、卷草、芙蓉、菊花、浮莲、百合、山茶、桃花、梨花、缠枝花、香串流苏、绶球飘带、鱼藻等。花样面积最短的9.5厘米×1.4厘米，最长的14厘米×1.8厘米。出土时花为金色，色泽明亮；叶填彩，多为灰蓝色。但不少泥金花纹已脱落，可能是由于泥金的黏性不很强。同时，也因泥金的着力轻重不一，形成的印纹粗细、厚薄也不同，一经摩搓泥金则脱落。

贴金印花：用金箔粘贴在先印好纹样的织物上形成的花纹图案，称为贴金印花。贴金印花的金色成分与泥金相同。贴金印花是在阳刻图案纹版上，蘸上胶黏剂，在上过薄浆熨平的丝织物上，印出胶黏剂纹样。稍干后，将金箔覆贴上，再加以砑光压实，使金箔紧贴织物。待其干后，轻敲金箔，非花纹处及无黏剂部位的多余金箔，因未黏着而脱落，而在织物上则呈现出所需贴金的花纹。有的还在贴金的纹廓内再敷彩，成为贴金印花敷彩的纹饰。

黄昇墓中的褐色牡丹花罗镶花边夹衣，其对襟镶着贴金印花彩绘的花边，就是采用这种方法制作的。出土的一件夹衣上对襟所镶的贴金花边，至今金箔仍牢固地黏着，花纹仍完整如新。由于贴金印花是用金箔敷贴后，再经过砑光，黏结力强。花纹上的金箔也连接成片，花纹表面光线反射强烈，金光灿烂，故贴金印花比泥金印花更显示出雍容华丽的装饰效果。因此，在当时的织物用金加工技术中，贴金印花具有一定的地位。这种贴金工艺也可能是泥金印花的继承和发展。贴金印花是靠粘贴金箔而呈现的花纹，因此，其形成的花纹一般不如泥金印花那样秀美活泼。这一件夹衣对襟上的贴金花纹就有牡丹、芙蓉、山茶三种。出土时叶的纹廓和花贴金，叶内填灰蓝色。

3.镂空印花的工艺与纹样

镂空版的直接印花工艺，与凸纹版印花基本相似。镂空版印花，在经处理的原坯上，平置花版，于镂空部位涂刷色浆，移去花版，即呈现所需花纹。从黄昇墓出土镂版织物的情况来看，南宋时期的镂空印花织物，其纹饰的底纹是采用硬纸板镂空成为花版，再将版平置于经过平整处理的丝织物上，而后直

南宋印花彩绘芍药缨珞花边，福建福州黄昇墓出土

南宋印金荷菊花边，福建福州黄昇墓出土

接刷印。印花所用的颜料，用黏合剂调配。由于反复多次涂刷色浆，以致印花后色浆覆盖了织物的纱孔，且纹线凸起，有一定厚度，有的地方还有渍版现象。但从总的来说，花纹线条还是比较润泽流畅的。一般来讲，花、蕾等主要部位则在印好底纹之后，再加工描绘。黄昇墓中出土的这批镂空印花丝织物的工艺有四种：植物染色印花、涂料印花、色胶描金印花、洒金印花。

植物染料印花：将镂空花版贴在熨平的丝织物面上，再蘸上调好的胶液色浆，按花版规格接版刷印，花纹位置比较准确，未见相互叠压的印纹和间隙过分不均的现象。以出土的绢裙为例，在裙面上用色胶刷印满地靛蓝小点花，色浆的渗透和附着相当好，且呈现两面印花的良好效果。花纹有明显的定位标记，横向(纬向)9 厘米，竖向(经向)2 厘米及 4 厘米处，各有一圆标点，如此循环往复。

涂料印花：将镂空花版贴在熨平的丝织物上，用涂料色浆刷印花纹。如浅褐色印双虎罗单幅料，即在织物面上以含有胶黏剂的胶墨色浆刷印双虎纹，形象逼真。花位横向 9.5 厘米，竖向 9.2 厘米。每个花位有双虎纹四对，每对 2 厘米×1.6 厘米左右，间距 1.5 厘米左右。以幅宽 46.5 厘米计算，每 1 米长的织物印有双虎纹 500 个左右。

色胶描金印花：用上述色胶印花方法，先刷印缠枝花纹，再以金色勾捕纹廓。由于胶黏剂的色浆充满卷草纹内，花纹线条较粗，配以描金勾边，印花效果更佳。出土实物上的金边已略有脱落。

洒金印花：将镂空花版贴在熨平的织物面上，用掺有色彩的胶黏剂刷印纹样，取去花版后，在纹样上撒以金粉，待其干后，抖去没黏住的多余金粉，即成洒金花纹。如出土的褶裥裙即为洒金双凤穿牡丹纹。每个花纹 2.4 厘米×1.4 厘米，间距 2 厘米×3.5 厘米~3.8 厘米。因裙面破损，印花版位不详。出土时花纹色彩脱落较多，但在灰黄色丝绸地上，还能看出这种洒金印花的特殊效果。它与凸版印花相比，花纹线条较粗犷，色彩较浓，有较强的立体感。

三、辽代《释迦说法像》

山西应县木塔建于辽清宁二年(1056 年)，是一座木结构佛塔。1974 年 7 月，在修缮佛塔时，于该塔四层释迦牟尼像腹内发现了一批辽代的印刷品。从

南宋黄褐色绢，印有靛蓝小点花裙面，福建福州黄昇墓出土

南宋双虎纹印花绢，福建福州黄昇墓出土

历史记载中可知,辽代印书不但品种多,而且数量大,可惜流传下来的实物十分稀少。长期以来,许多学者甚至怀疑这些历史记载的真实性。直至山西应县木塔的发现,才揭开了辽代印刷之谜。山西应县木塔共发现各种印刷品61件,其中《契丹藏》12卷,其他佛经35件,书籍和杂刻8件,刻印彩色佛像6件。可以说,这是印刷史上继敦煌藏经洞、西夏黑水城文献发现之后的又一石破天惊的重大发现。

释迦塔中所出的三幅《南无释迦牟尼佛》像弥足珍贵。这些画幅面较大,三幅尺寸基本一致(略有出入),长约66厘米,宽约61.5厘米,均为绢地,原物折叠存放于塔内的一个六曲银盘中。画面为释迦扶膝端坐于莲台,披红色佛衣,头部佛光内红外蓝。顶部华盖饰宝相花,帛幔下垂,华盖两旁饰以天草,其外印有“南无释迦牟尼佛”七字,文字一侧为正向,一侧反向。佛前有比丘、比丘尼及男女居士四众,合十肃立于下两角。另有供养人合十肃立,头有钗饰。两个化生童子,身绕祥云。整个画面结构繁复,布局紧凑。

这三幅《南无释迦牟尼佛》绢地彩画一经发现,即引起印刷史研究者的极大关注。论者多认为,其可能出自彩缬或丝漏之法。夹缬在唐代使用已极为普遍,其法取两版雕刻同样的图案,以绢、布对折夹入两版之间,在雕空处染色,成为对称的纹饰。从《南无释迦牟尼佛》的设色及图案看,用该法印染是完全有可能的。也有人认为,该图是用丝漏法印刷,即采用两套版,将素绢对折,先漏印红色,再漏印蓝色,故全卷展开,佛为全相,人物、字迹左右对称。右侧“南无释迦牟尼佛”七字为反文,与左侧正文相对。绢底上的黄色,或认为同为漏印,或认为是用笔刷染的。眉、眼等细部用朱墨二色描绘开光,使之清晰可辨。在中国古版画遗存中,这是唯一由色块组成,先墨印线条而后敷彩的绢质佛像。

还有专家认为,这三幅版画很可能就是雕刻半版画面,然后分别刷染红、黄、蓝三色于不同部位,再将整幅素绢单折后上版刷印。所以,素绢展开后,佛成全像,左右人物对称,榜题之字一正一反。从画面印染情况看,折叠中线分明,红、黄、蓝三色界线不清,互有晕染,只是印出了画面轮廓,而佛面开光是用墨笔后绘的。弟子、菩萨、童子的五官、头发,甚至衣领、手、足等细部也都是印好后用朱、墨两色笔描绘的。所以虽然轮廓为一版所印,可是每个人物的神态各异、老幼有别,使得画面整齐却不呆滞。

关于这三件印品的用途也是一个值得研究的课题。根据榜题一正一反并且绢的质地较薄的特点来看,印制出来的佛画可能是用来悬挂在法会或道场上,这样前后信众都能看到佛画,并始终能看到一行正书的榜题。这有点像后世民俗中的“挂钱”和“吉祥吊挂”。

辽代绢本三色彩印佛画是首次发现,成为印刷史上相当重要的实物。所以,无论这三幅作品采用的是丝漏法还是彩缬、夹缬,都不影响它作为我国现存最早的套版绢地版画存在的重要意义。

第二节
纸币彩印技术

纸币的发行是货币史中的革命性创举,中国是世界上最早发行纸币的国家。中国古代的纸币印刷,是印刷术发明后其所应用的重要领域。纸币涉及千家万户,印数、发行量和应用量则比书籍印刷有过之而无不及,因而纸币的印制工艺成为历代印刷史研究的重要内容。纸币还与国家的经济命脉紧紧相连,历朝历代的统治者均注意加强防伪措施,故均采用当时最先进的工艺技术,因此,套版彩色印刷技术较早应用于纸币印刷事业中。

一、交子

中国最早的纸币“交子”产生于宋代的四川。

四川自汉代以来就长期实行铜钱、铁钱并用的制度。北宋初年,太祖赵匡胤将四川铜钱大批调运出川,以支持他的统一战争;李顺起义期间,四川又因战乱停铸钱币。这就使四川铜钱奇缺,铜铁钱比价上升,交易多用铁钱。由于铁钱过重,交易不便,民间开始“私为券,谓之交子,以便贸易”(《文献通考·钱币考》)。这是四川交子的缘起。

由此可见,交子起初是由民间商户自主发行的,即所谓“私交子”。由于发行纸币获利甚多且迅速,发行交子者多“广置邸店、屋宇、园田、宝货”,遂使交子信誉急剧下降并引起挤兑风潮,面临着严重的信誉危机。在这种情况下,交

辽代南无释迦牟尼像之一幅，山西应县木塔出土

南无释迦牟尼佛复制夹缬版及印品

北宋交子印版，日本私人收藏

子便转为由经济实力较强、信誉较好的“富人十六户”主持发行。《宋朝事实》卷十五《财用》载：“益州豪民十余户，连保作交子……诸豪以时聚首，同用一色纸印造。印文用屋木人物，铺户押字，各自隐密题号，朱墨间错，以为私记。书填贯，不限多少，收入人户见(现)钱，便给交子。”此外，《楮币谱》载，私交子“表里印记，隐秘题号，朱墨间错，私自参验书缗钱之数”。

从这几段文献来看，私交子采用同一种纸张，即四川特产的楮树皮纸印刷，因而当时称作楮币；“表里印记”，说明交子是双面印刷，其文饰为“屋木人物”等图案；“朱墨间错”，即纸币印刷采用红、黑两色。此外，纸币上还有发行者的私押和“隐密题号”，作为防伪勘验之用；“书填贯，不限多少”，说明私交子没有印面值，而是根据“收入人户见(现)钱”多少而临时填写。后来的私交子上还加盖了益州官印。

宋仁宗天圣元年(1023年)，政府设益州交子务，由京朝官一二人担任监官主持交子发行，并“置抄纸院，以革伪造之弊”，严格规范其印制过程。这便是我国最早由政府正式发行的纸币——“官交子”。它比美国(1692年)、法国(1716年)等西方国家发行纸币要早六七百年，因此也是世界上最早的纸币。作为防伪措施，官交子上面印有两颗官印：一为“益州交子务”，一为“益州观察使”。宋代交子纸币实物没有留存下来，我们今天能看到最早的交子拓片，最初发表于《东亚钱志》。可惜拓片采用的是单色拓印，没有真实再现朱墨两色印刷交子的风貌。但从这张拓片中，我们能推测出交子印版，版材为铜质，版面为竖长形，长16厘米，宽9.1厘米。上半部刻着“除四川外许于诸路州县公私从便主管并同见钱七百七十陌流转行使”29个字，下半部刻有房屋、人物和成袋的包装物以及三人正在房屋外面空地上背运货物等图案。

一般来讲，木质印版在温湿度变化时易于走样，而且耐印性差，印数多后线条易磨损不清，又易于仿制。纸币印刷发行量很大，关系国计民生，因此，宋、金纸币多以铸铜印版印在特种纸上。纸钞的版面上，一般包括钞币名称、面额、流通区域、印发机构、印造时间、惩赏告示等文字和装饰性花纹图案，这些内容都事先铸出。为防伪造，还采取其他措施。除了加盖官印外，还为每张纸币加设“料号”、“字号”，以千字文编号，类似现在钞票上的冠号，同时有印造、发行机构官员的个人花押(签名)。这些部分并不与其他内容同时在铜版

上铸出，而是在印版上留出凹空。印制时，先将大版刷涂黑墨，印出票面，再将由专人保管的这些小印版蘸上红墨套印在黑色印版预留的空白处。

二、钱引

宋徽宗崇宁四年(1105 年)，政府对纸币进行改革。除四川仍沿用交子外，其他诸路均改用钱引，唯福建、浙江、湖广等地例外。后四川也于大观三年(1109 年)改交子为钱引。

中国的纸币印刷，从交子发展到钱引，版面图案设计和印制工艺都有较大改进。元朝费著的《楮币谱》对此作了较为详细的记载。彭威信先生在《中国货币史》中介绍说："每张钱引用六颗印来印制，分三种颜色，这是多色印刷术的开始。第一块印版是'敕字'，指关于伪造、告捕的奖惩及流通地区的敕令。第二块是'大料例'，即票面流水编号。第三块是'年限'，为印造年月及流通年限。第四是'背印'，指印在背面的面额。这四块印版都是用黑墨。第五是'青面'，为票面四周有花草纹的花边；用蓝色印墨。第六是'红团'，指票面上的装饰性图案，用红色印墨。六颗印都饰以花纹，例如敕字印上或饰以金鸡，或饰以金花，或饰以双龙，或饰以龙凤，每界不同。"

一张完整的钱引，应当是最上面写明界分，接着依次是年号(如辛巳绍兴三十一年)、贴头五行料例(多是些格言)、敕字花纹印、青面花纹印、红团故事印、年限花纹印(多为花草)、背印。可见，钱引较之交子，有着较强的防伪性能，票面的图案设计和印刷工艺技术也复杂得多。尤其是在多色套印方面，尽管还很简陋，但已有了较大的发展。无论在印钞史上还是在印刷史上，钱引都有着重要意义。

三、会子

会子是继钱引之后最重要的一种宋代纸币。关于会子的印刷经过无确切记载，但后人能从"蒋辉伪造会子案"看出一些端倪。《晦庵先生朱文公文集》详细地记载了蒋辉造假案的始末："孝宗淳熙四年(1177 年)，开字匠蒋念七，名辉……在广德军伪造会子四百五十道，在临安府事发，断配台州。"蒋辉于台州服刑时，在丞相王淮亲家、台州知州唐仲友的威逼利诱之下，开始为唐仲友伪造会子。后据蒋辉招供:“次日,金婆婆将描模壹贯文省会子样入开,人物是接履先生模样……当时,将梨木板一片与辉,十日雕造了。金婆婆用藤箱子乘贮入室收藏……至十二月中旬,金婆婆将藤箱贮出会子纸二百道,并雕下会子板及土朱、靛青、棕墨等物付与辉,印下会子二百道,了未使朱印。再乘在箱子内时,金婆婆将入宅中。至次日,金婆婆将出篆写壹贯文省并专典官押三字,又青花上写字号二字,辉是实方使朱印三颗。至十二月末旬,又印一百五十道。今年正月内至六月末旬,约二十次,共印二千六百余道。每次或印一百道及一百五十道并二百道,至七月内不曾印造。”由此可知,蒋辉伪造的是“壹贯文省”面值的会子,采用梨木雕版,使用“会子板”、篆书的“壹贯文省”、“专典官”押和“朱印三颗”,用土朱、靛青、棕墨作印刷颜料。蒋辉第一次伪造时,分两次印完。第一次用会子板印出会子的主体轮廓,第二次再印上篆写的“壹贯文省”、“专典官押”、“朱印三颗”并写上“字”、“号”。

关于会子所用的印章,《宋史·舆服志》另有记载:“行在榷货务都茶场,每界给印二十五纽:国用印三纽,各以‘三省户房国用司会子印’为文;检察印五纽,各以‘提领会子库检察印’为文;库印五纽,各以‘会子库印造会子印’为文;合同印十二纽,内壹贯文二纽,各以‘会子库壹贯文合同印’为文;五百文、二百文准此。”可知会子用印四种,即“三省户房国用司会子印”、“提领会子库检察印”、“会子库印造会子印”和“会子库壹贯文(或五百文、二百文)合同印”。这似乎和蒋辉伪造会子使用“朱印三颗”数目不等,其实不然。对照朱熹的记载可知,蒋辉雕好的“会子板”是纸币的主版,即所谓的“壹贯文省会子样”,虽然记载中没有描述会子板是什么样的,很可能会子板上也包含面值,与关子钞版的“行在榷货务封椿金银见钱关子”版上有“壹贯文省”差不多。也可能和元、明纸币差不多,即纸币正面有面值,背面也有一小长方形的面值印。蒋辉使用“篆写壹贯文省并专典官押”,说明“壹贯文省”和“专典官”花押都是篆书的,与印章相似。“专典官”花押是专典官的私人印记,不是官印,而这块篆写的“壹贯文省”很可能就是《宋史·舆服志》记载的“会子库壹贯文合同印”。根据钱引的形制,钱引的“壹贯故事背印”是印刷在纸币的背面,为黑色。这样,这块篆写的“壹贯文省”印很可能也是印刷在会子的背面,其颜色为黑色。同理,蒋辉伪造会子也是使用四块印版,三枚红印印在正面,一枚黑印

印在背面，其数量就和《宋史·舆服志》的记载保持一致了。以上分析可以确定蒋辉伪造会子有会子版、四颗印和“专典官”押，对应的颜色有黑、红两色。但蒋辉伪造会子用了土朱、靛青、棕墨三种颜料，似乎朱熹的记载尚有遗漏。《左史谏草》附《监簿吕公家传》载：“十七界(会子)曰‘瓶楮’，十八界曰‘芝楮’，取绘物名。”这是说十七界会子的装饰图案为宝瓶，十八界会子的装饰图案为灵芝，而朱熹遗漏的正是这种装饰性的图案。进一步推论可知，装饰性图案的印刷颜色为蓝色，这和钱引所用装饰性的蓝印“青面花纹印”也相吻合。

简单通俗地说，会子是由会子主印版、装饰花纹版、面额版(壹贯文省等)三种印版和数枚小印章印制而成的黑、红、蓝三色，双面彩印的纸币。

四、关子

南宋时期，政府发行了一种纸币——关子。关子是南宋绍兴元年通行的一种纸钞。1981 年，安徽省东至县的一废品仓库中发现 8 块刻有文字图案的金属版，经鉴定为南宋景定五年(1264 年)发行的纸币“关子”的印刷版。关子钞版的发现，对研究中国货币演变有着重大历史价值。而有关宋代纸币的实物，之前为世人熟知的只有两块钞版：一块是外流于日本的交子钞版，另一块为收藏于中国历史博物馆的会子钞版。因而，东至发现的 8 块关子钞版——一组完整的套印版，被中国钱币界泰斗吴筹中誉为“钞版中的至尊，国宝中的重宝”。

《宋季三朝政要》卷三载，景定五年(1264 年)造金银见钱关子之制，“上黑印如‘西字’，中红印三相连如‘目’字，下两旁各一小长墨印，宛然一‘贾’字”。《宋史·贾似道传》也载：“复以楮作银关。”“自制其印文如‘贾’字状行之。”《宋史·食货志》载，徽、池两州曾是宋代纸币“会子”用纸的产地。今东至县永丰镇在宋代曾为铸钱场所而设永丰监。为了减轻运钱的负担，南宋景定年间在此印刷“见钱关子”，采用朱墨两色。

这套印版均为铅锡合金质地，这在印刷史上是独树一帜的，以前所出土的印版均为铜版或木版。许多学者据此判断该版为赝品。其实，元代初期著名的农学家王祯在他撰写的木活字印刷技术专著《造活字印书法》中记载：“近世又铸锡作字，以铁贯之，作行，嵌于盔内，界行印书。”此为锡活字在历史文

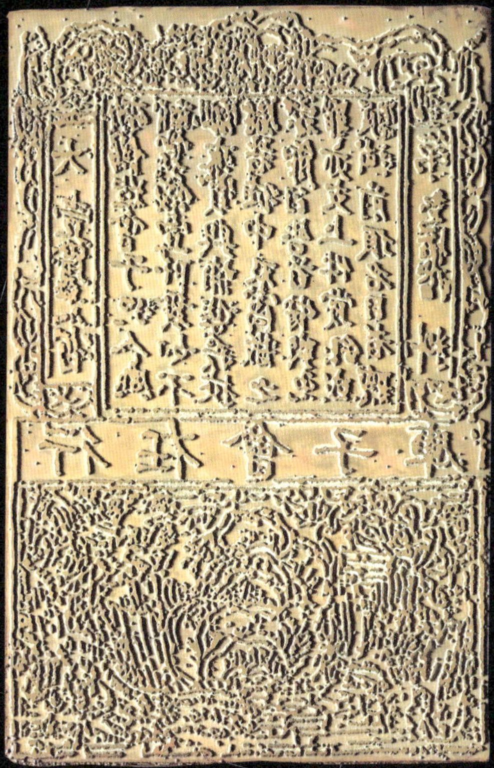

会子钞版，中国国家博物馆藏

关子钞版，1套8块

献中的最早记载。这说明南宋开始我国已经出现了锡活字印刷术，这也正好与南宋铅版关子相印证。在此后的数百年间，以木、泥、锡、铜所造的活字，一直被前后交替地使用。

关子印版中的票面版高 22.5 厘米、宽 15 厘米，面额为“壹贯文省”。版首饰有花鸟图案，尾部为金、银、铜三质货币图形，额下横书“行在榷货务对椿金银见钱关子”13 个字。再下正中竖书“壹贯文省”4 个大字。大字左右各竖书三行端楷小字，内容为关子的行使范围和条例。全文自右至左为：“应诸路州县公私人便主管，每贯并同见钱七百七十文足，永远流转行使，如官民户及应干官司去处，敢有擅减钱陌，以违制论，徒贰年，甚者重作施行，其有至关子赴榷货务对换金银见钱者听。”另外 7 块版分别是准敕版、颁行版、花纹版和关子库印、监造检查印、富富印和国用见钱关子印。版刻均为阳刻反体字。这套关子印版是迄今所能见到的最早、最完整的一套印版，而且与文献记载基本相符。

金银见钱关子钞版还有一个之前出土的各种印版所没有的特征。它的每一块版均有对称孔眼，包括三颗印在内，其孔在面版布局中规矩合理，而且钞版的几颗印背均无钮。仔细观察双孔眼的内侧有明显凹陷磨损痕迹，这极有可能就是套版印刷工艺过程中用来定位的定位孔。后世的套版(如年画套版)印刷中，常将黏合剂与定位孔相结合，起到在刷印台上固定印刷版的作用，以实现多色套印时准确定位。

关于这套钞版的制作工艺也很有研究价值。从印版版面布满刀痕这一现象来看，吴筹中先生把它鉴定为试印雕版。从准敕版、尾花版、颁布版的字口、纹饰口布满刀痕的深度与面版地张高低反差很大来看，一般认为“金银见钱关子钞版”的形成是先浇铸再雕刻(修版)的印刷版。

宋代关子的印刷效率非常高。关子印造始于景定五年(1264 年)10 月，曾于咸淳元年(1265 年)5 月停止印造。据考证，当时以 1200 人造纸，供 204 人印刷纸币会子，其印造量为 2000 万贯。根据“壹贯文省”的面值来计算，就是说 8 个月内印制了 2000 万张关子。北京印刷学院课题组还于 2007 年完成了关子钞版套印模拟实验，该实验还原了关子的双面、三色套印技术。

总之，这套印版是迄今所能见到的最完整的、早期的纸币印版。它的发现是纸币史、印刷史上的一件大事,对进一步研究纸币印刷史,特别是套版印刷的起源具有重要意义。

五、金代的纸币

与宋同时期的金于 1141 年与宋议和后,军政暂趋缓和,农业手工业得以恢复,金代的商品经济快速发展。因此,金代对货币的需求越来越迫切,纸币印刷势在必行。金代百余年间,曾发行纸币交钞、贞祐宝券、贞祐通宝、兴定宝泉、元光重宝、元光珍宝等多种。其中在印钞史上首创的是绫币元光珍宝,应用时间最长的是交钞。

1.交钞

金贞元二年(1154 年),政府决定设立交钞库印发纸币交钞,先在黄河以南通行,后来逐渐推向全国。最先发行的纸币交钞,钞券与钱并行,七年为限,到期强制作废换新钞。金世宗大定二十九年(1189 年),取消七年必须更换的限制,改为无限期流通,但如果由于流通时间太长而字迹不清的,准许向官库以旧换新,但需收印刷工本费 15 文,后来工本费改收 6 文。

交钞是金代盛行的纸币流通券,发行时间大约有 80 年,曾经流通于整个金国,在金代货币中始终占据主导地位。交钞作为交易的主要媒介分为大钞和小钞两种,大钞有一贯、二贯、三贯、五贯、十贯 5 种;小钞有一百、二百、三百、五百、七百 5 种。为加强纸币印制与发行的管理,金代中央政府设置了印造钞引库和交钞库。同时还设有钞纸房,生产钞引专用纸,由印造钞引库兼管。

金代交钞还没有纸质实物发现,但印版早已发现多件,印版版面风格大同小异。由于金代交钞没有兑界制度,是中国历史上最早的无限流通货币。但金政府经常印发新钞,钞名亦不断更新。这样,各种不同名称的旧钞、新钞在市场上同时流通,其数量越积越多,其值自然越来越低,到元光元年(1222 年),万贯交钞换不到一张饼。到了最后,金代交钞几乎变成废纸。金代交钞最终创造了 6000 万比 1 的空前的贬值纪录。

关于交钞的版式设计,据《金史·食货志》载:“交钞之制,外为阑,作花纹,其上横书贯例,左曰‘某字料’,右曰‘某字号’。料号外,篆书曰‘伪造交钞者斩，告捕者赏钱三百贯’。料号横栏下曰‘中都交钞库，准尚书户部符，承都堂札付，户部覆点勘，令史姓名押字’。又曰：‘圣旨印造逐路交钞，于某处库纳钱换钞，更许于某处纳钞换钱，官私同现钱流转……’印造钞引库子、库司、副使各押字，上至尚书户部官亦押字。”

现存的金代钞版“北京路壹伯贯交钞版”、“陕西东路壹拾贯交钞版”、“陕西东路壹拾贯五合同交钞版”证明，《金史·食货志》的上述记载是符合历史事实的。分析这几块保存下来的印版，交钞的主印版应当是用黑墨印刷的。参考宋代的纸币印制工艺，金代交钞也应当还有其他装饰印版或小的防伪印版用来刷印其他颜色的墨，但是，至今尚没有发现实物。交钞实物主版也是铜质印版。这也从一方面充分说明，当时已经完全能够生产适用于金属印版的印刷油墨。

2.贞祐至元光年间发行的纸币

金贞祐三年至元光二年（1215—1223 年），短短 8 年时间里，金代发行货币竟达 5 种之多。其间，贞祐三年（1215 年）发行贞祐宝券；兴定元年（1217 年），发行贞祐通宝，并与宝券并行；元光元年（1222 年），发行兴定宝泉，并与通宝并行；元光二年（1223 年）发行元光重宝；同年，又发行绫币元光珍宝。值得特别指出的是，金元光二年发行的元光珍宝，是以丝织物绫为承印物的绫币，并不是纸币。以织物为承印物印制货币，在中国印钞史上，此为首创。它在中国织物印刷史上有着重要的地位。元光珍宝的实物没有留存，它的具体印制工艺也没有记载，但中国织物印花技术历史悠久，工艺成熟，将印花技术应用于货币是水到渠成的事情。而且，元光珍宝应当秉承传统印花技术的特点，一定是色彩丰富，明亮鲜艳。

法国人缪勒曾于《通报》33 卷发表过其对一件出土于金北京大定府旧址（今内蒙古宁城）的贞祐交钞版的研究，钞版下半部的起头文字是：“北京路□察□□司奉户符承圣旨印造通行交钞内中都南京交钞库北京上京咸平府省库倒换钱钞……”

2005 年，中央电视台《鉴宝》栏目展示了一件“上京印造交钞库之印”印鉴。该印章被专家团定为真品。这方印通高 5.5 厘米，印钮为板状，底部为正方形，边长 5 厘米，有“上京印造交钞库之印”字样；印的背面两侧分别刻有“行

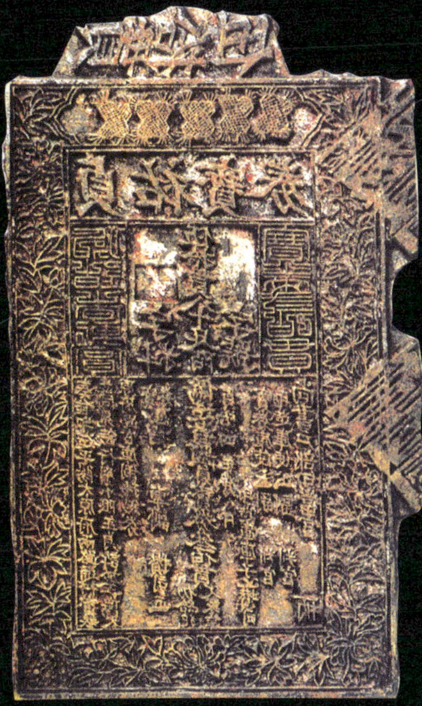

金代贞祐宝钞伍拾贯铜版

金代陕西东路壹拾贯交钞版，内蒙古自治区博物馆藏

南京合同印，金代纸币用官印

壹钱合同印应当是钤印在金代天兴宝会纸币上的官用印

金代泰和交钞残版印样

部造”和“上京路印造交钞库之印”字样，在印的一个侧面刻有“贞祐二年五月日”字样，表示日期的数字已模糊不清；印钮顶部刻有表示方向的“上”、“下”两个字。这一发现成为金朝曾经设立管理纸币的金融机构的有力物证。

古代钞票防伪的手段还有一种就是在钞票上加盖合同印。从已经出土的文物来看，现存最早使用合同印的纸币便是金代发行的贞祐宝券。这种合同印是直接随着铜印主版一起铸造出来的。这种骑缝合同半印铸造于钞版边缘，这样一来，钞票的印刷工艺就显得不够严谨了。合同印随主版一起印制，也应当是采用黑墨，但最终因纸币发行量极大，导致这种辨伪功能微乎其微，甚至根本无法起到防伪的作用。这样一来，合同印成了一种没有实际功用的装饰而已。

3.金代最后发行的纸币——天兴宝会

金代纸币有较大发展，突出的一点是体现在纸币与贵金属的关系上。金宣宗贞祐五年(1217 年)发行贞祐通宝，规定通宝四贯，相当于白银一两；兴定六年(1222 年)发行兴定宝泉，二贯当白银一两。而金末在纸币面值上直接“见银流转”，以重量为面值单位。称谓为“钱”的纸币正是天兴二年(1233 年)发行的天兴宝会，这是金代发行的最后一种纸币。

“壹钱合同”印是金行将灭亡前发行的最后一种纸币的相关用印。在印文中未明示地区，可谓天下通行。该印以银的重量单位为标准称谓，属于一个新的类型标准，它的发现极具文物价值和学术价值。流传于世的“壹钱合同”铜印共两块。较小的一枚印近似长方形，上端呈尖角，橛钮。印面无边栏，长 4.5 厘米，宽 2.6 厘米，高 4.6 厘米。印背凿刻有“上”字以指示正位。印台厚实，四周呈斜坡状。印文“壹钱合同”楷书，其中“合同”两字为合体。合同印应当为在金天兴宝会纸币上钤用，而且与贞祐宝券中与主版一体的合同印有了区别，印墨可以采用红色或者蓝色。印文竖式直读，无边栏，印面为束腰锭形，字形接近黑体字，横笔画细而竖笔画粗。“壹钱合同”印为合同类型印实物中所见的第一例，也是目前唯一的一例。

从交钞开始，金代纸币就保持了在花阑顶部横写的惯例，也就是横书面值的样式。这种特殊样式在已知的宋代、元代乃至明代纸币中是从未有过的。在金代的钞版上，有时会在字料或字号上方留有一个四方浅槽。潘吉星先生认为是放置活字的地方。有一个浅槽的一般是在字料上方，因为如果按照千字文排序的话，放置一个活字后可以印刷1000张而不用改换印版。也有字料、字号上方各有一个方槽的。罗振玉的《四朝钞币图录》中收录了一张金代两合同贞祐宝券版，字料上方甚至还保留了活字“辖”。辖字在“千字文”中是第794字，如果这种纸币的编号是按潘吉星先生推论的方式印制的话，那么贞祐宝券就至少印行了近80万张。

第三节 彩色版画

雕版印刷术发展到宋代，已经十分成熟，印刷品种百花齐放。木版画的印刷主题开始不仅仅局限于佛教题材，还开始应用民间喜闻乐见的题材。木版年画在内容上，由自然崇拜、神灵崇拜扩展为纳富迎祥、欢乐喜庆，进而涉及戏曲故事、民俗风情等，表现了人们的情感和理想。

《梦粱录》中记载汴京的“诸色杂卖”中有“日供打香印者，时节即印施佛像等”，“纸马铺印钟馗、财马、回头马等，馈与主顾”。另据《东京梦华录》记载，北宋时的汴京，“近岁节，市井皆印卖门神、钟馗、桃板、桃符，及财门钝驴、回头鹿马、天行帖子”。可见，在当时木刻版画的应用已经比较广泛。另外，宋代社会对节令吉祥瑞意画的需要日益增加，民间画工往往采取构思、创作一稿，然后重复绘制百数张的办法来供应市场，但这也只能满足部分需要。而书坊采用民间画工的稿本刻印出售，价廉物美，受到大众的欢迎。

流传下来的宋代版画主要以单黑色版画为主，黑色线条版画中仍然以佛教版画为主。其中，较著名的代表作有：

太平兴国五年(980年)六月二十五日刻印的《大随求陀罗尼轮曼荼罗》，这是一种刊印着经文咒语的护符。该版画是敦煌发现的陀罗尼版画中的精品，运刀极为峻健，造型力趋缜密，代表了北宋初年版画印刷的水平。

1954年日本京都清凉寺发现的5种北宋雍熙元年(984年)版画。包括《弥勒菩萨像》、《文殊菩萨骑狮像》、《文殊菩萨骑象像》、《灵山变相图》、《金刚般若波罗蜜经》扉画。

宋代单色书籍插图及图录、画谱实物相当丰富。其中代表作有：

《列女传》为南宋嘉祐八年(1063年)建安余氏靖安勤有堂刊本，是建安版画的早期代表作品。该书上图下文，所刻线条简略，而案几、栏楣、纱帽及树木的枝干部分则用浓重的墨版衬托，形成鲜明的对比。

《梅花喜神谱》中的喜神是对人物写生之意。该谱按蓓蕾、小蕊、大开、烂漫、欲谢等描绘成图百幅。现存有南宋景定二年(1261年)金华双桂堂重刊本，是最早的一部单色画谱，原绘编者是画家宋伯仁。宋氏因而成为版画史上留名的早期画稿名家。

《营造法式》残本附图是现存最早的工程图谱版画。《营造法式》在比例尺寸等方面所达到的精确程度，反映了当时版画的刻、印均已达到了很高的水平。

此外，辽、金、西夏也刻印了许多版画，其中著名的有：

辽代据宋藏刻印的官版《大藏经》，即《辽藏》。经文中有许多插图，多为说法图，如《大法矩陀罗经》卷十三，卷首刻《弥勒菩萨说法图》，有题记标明刻工为穆咸宁、越守俊、李存让、樊遵四人。

金代最著名的版画《四美图》，上有“平阳姬家雕印”明确店标。内容为王昭君、班姬、赵飞燕、绿珠四位著名的美女。《四美图》是现存早期仕女版画代表作。从画面布局来看，该画可能是早期年画“四扇屏”中的一扇，或是“炕围、窗旁”中的一幅。《四美图》是俄国人柯兹洛夫1909年在内蒙古黑水城西夏遗址发现的，后被其盗往俄国。同时发现的还有一幅《义勇武安王位》版画，画面署“平阳府徐家印”，可知也是平水刻版。两幅作品现均存于俄罗斯圣彼得堡东方研究院。

另外，中国国家博物馆收藏的两块宋代雕版，均出土于北宋巨鹿城遗址。一块纵59.1厘米、横15.3厘米，刻有一身穿长衣的妇女，神态娴静自然，发式及衣饰颇具唐风，线条遒劲，刀法纯熟；一块长13.8厘米、宽26.4厘米，上部刻有一细花大幔帐，其下有戴冠妇女三人，形态丰腴，画面左下有楷书“三姑置蚕大吉”，右下有楷书“收千斤百两大吉”，似为蚕神神像版。两块雕版均为质地坚实的枣木雕刻，从其内容来看，应为年画印版，对于中国年画史研究有着重要的价值。

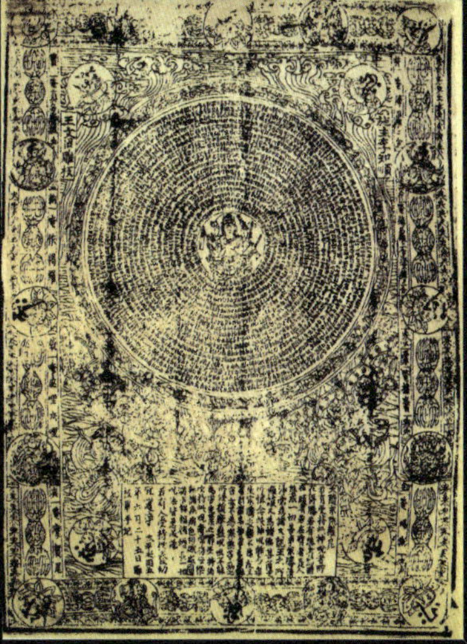

太平兴国五年(980 年)六月二十五日刻印的《大随求陀罗尼轮曼荼罗》

北宋《灵山变相图》

流传于世的彩色版画稀少珍贵。目前，随着考古发掘工作的深入开展，我们得以欣赏到前页几件赏心悦目的宋、辽、金时期彩色版画珍品。

一、《蚕母图》

1994 年，文物工作者在浙江温州皇乔石塔中整理国安寺石塔内藏的印本、书画时，发现了一幅北宋时期的套色木刻版画《蚕母图》。根据同时发现的碑记所载纪年，当是北宋元祐（1086—1093 年）年间的印刷品。经过鉴定，被确定为北宋雕版套色印刷品。该图虽然局部残缺，却是最早的民间木版画文物。

蚕母即江浙一带蚕农奉信的蚕神。清代在当地民间流传的刻有各路神仙的纸马神像中也有蚕母像，是在“祭蚕神”、“谢蚕神”的民俗活动中使用的。《蚕母图》画面残高约 21 厘米，残宽约 19 厘米，采用木版雕刻线条版，用浓墨、淡墨、朱红及浅绿色套印而成。造型的风格特征，与唐、五代刻印的木刻佛像极为相似。其线条流畅，显现出娴熟的刻版刀法技巧。画中蚕母造型丰满，神态悠然，衣纹飘逸。

二、《东方朔盗桃图》

1973 年 8 月，陕西省文物管理委员会在整修西安碑林《石台孝经》碑时，意外地发现了一张以卷轴形式存放的版画。画高 100.8 厘米，宽 55.4 厘米，阳刻，用浓墨、淡墨及浅绿色套印在淡黄色细麻纸上。左上书“吴道子笔”四字，字下有阴文篆书朱色“道子之印”长方形剪贴印章一方。画面为一老者，即东方朔，端庄敦厚，腰微前躬，右肩负桃枝，枝上桃果累累。头略向左转，面带喜色，作疾走状。

东方朔，西汉文学家，武帝时，为太中大夫，性情诙谐滑稽，后世关于他的传说很多。宋时，人们习惯地把他当作“岁星”看待（见《太平广记》），说他曾经盗食过王母娘娘的仙桃，能够长生不老。关于他盗桃的故事，据《初学记》载：“东都献短人，帝（汉武帝）呼东方朔，朔至。短人指朔谓上曰，王母种桃三千岁一结子，此人不良，已三过偷之矣。”所以，这是一幅具有吉祥喜庆性质的年画，后世年画中，沿用同样内容和形象的很多。这幅画上“吴道子笔”的款识和印章当然不是真的，显然是雕版工匠依照吴道子原画落款雕刻。尽管是复制品，依然能够迎合市民仰慕名人的心理。根据同时出土的文物佐证，这幅年画大约是12世纪30年代前后的作品，而且很有可能是山西"平水版"印品。

三、《炽盛光佛降九曜星官房宿相》

1974年7月，山西应县木塔出土的一幅《炽盛光佛降九曜星官房宿相》，长94.6厘米、宽50厘米，为目前世存中国古代木刻着色立幅中幅面最大、刻印最精的版画。该画采用白麻纸印制，装裱为立轴，上端残损。其印制工艺应是先印刷画面的黑色轮廓以及佛发等黑色色块，再用手工涂绘红、绿色彩。画面总计三色，至今依然光鲜明艳。画工勾勒有法，使人物自有体姿，各具神情。

《炽盛光佛降九曜星官房宿相》为佛教故事画。九曜即：太阳、木星、水星、罗睺、太阴、金星、火星、计都、土星，右下还有一长裙曳地的女像，未注星宿名，似为地母。画面分三界，上端祥云之上有两排天众，下有地狱三形。三界结构整齐，人物布置得当，烘托出炽盛光佛的威德。在天界与凡界相接处，作者将二十八位星宿分四组想象成为天蝎、朱雀、巨蟹、金牛四种美术形象，将三界十分巧妙地连接起来。

印制该大型佛教故事画的目的，当为寺院殿堂或道场的重要位置悬挂，供信众供奉和礼拜用。

四、《药师琉璃光佛说法图》

山西应县木塔中总计出土《药师琉璃光佛说法图》两幅，因纸张关系，画幅大小略有出入。甲幅为纵87.5厘米、横35.7厘米。乙幅纵89厘米、横36.4厘米。两幅均为皮纸墨印，画面均有残破，出土后两幅画均重新装裱为立轴。其线条部分，包括题字及人物细节完全一致。线条遒劲圆润，顿挫有方，反映了雕刻者挥刀自如的高超技艺。

该画内容为《药师琉璃光如来本愿功德经》变相。画面为药师琉璃光佛结跏趺坐于八角莲台，左手下垂，右手作与愿法印。慈眉善目，宝相庄严。袒胸露腹，身披通肩袈裟，似在说法。身后有背光、项光，最外层为火焰纹光环。佛顶有祥云托着的华盖，正中有楷书榜题"药师琉璃光佛"。佛左立胁侍日光遍照菩萨，是一面相清瘦的长者，袒胸露腹，双手作大智拳印，闭目苦修，十分虔

北宋彩色《蚕母图》，温州出土

金代刻彩色版画
《东方朔盗桃图》

辽燕京《炽盛光佛降九曜星官房宿相》，印刷敷彩，即先印画面黑白轮廓，再用手工涂染色彩，属于大型供养挂图。山西应县木塔宝藏

辽燕京《药师琉璃光佛说法图》，印刷敷彩

诚。右立胁侍月光菩萨，身披袈裟，左手托钵，右手执杵，年轻英俊，专心听法，目光炯炯，若有所思。二菩萨皆有项光。莲台前置摩尼宝珠，上为药师佛形象化的十二大愿，各愿佛像或坐莲台，或驾祥云，皆有项光，旁有榜题。画心上部接裱有墨印连钱纹纸，可以看出原为立幅挂轴。下为十二药叉大将，左右各六，三跪三立，有的双手合十，有的作大智拳印待命，披甲挂械，个个神威勇猛，皆有项光。居中有楷书榜题“十二药叉大将”。

全幅画面黑色线条均为一次印刷，然后再用朱砂和石绿两色填染而成，色彩至今仍然鲜丽。《药师琉璃光佛说法图》同上述的《炽盛光佛降九曜星官房宿相》作用一样，悬挂于寺院殿堂或道场的显著位置，供信众供奉和礼拜用。

第七章

元代的彩色印刷

元代,中国又出现了统一的局面,印刷业有了进一步的发展。元代北方的主要印刷基地在平阳和大都,南方仍以杭州、建阳为中心。在今天江苏、江西及两湖地区,也分布着较多的印刷作坊。国家的统一,为印刷术向偏远地区的传播创造了条件,在今西藏、新疆等地也有一定规模的印刷业。元朝政府通过与西方的交往,将中国的印刷术逐渐由中东传遍西方。

在中国印刷史上,元代具有承上启下的作用,它继承了唐宋以来印刷的优良传统,而且有新的发展。在技术方面,出现了书籍的双色套印和包背装。由几个书院联合分工刻印大部头书籍,是印刷史上的新形式,用这种作业分工的方式可以集中力量快速出书。

元代在印刷技术方面最大的成就,是王祯对木活字排版工艺的创新。王祯在任旌德县尹期间(1298 年)雇工刻制木活字,并设计了转轮排字盘,按当时的官韵“平水韵”顺序来存放活字,并用这种工艺排印了《旌德县志》。他将自己对木活字工艺的改良写成《造活字印书法》一文,附入所著《农书》中。《农书》是最早记述木

孔子第五十一代孙孔元措后人刻印的孔子家谱《孔氏祖庭广记》

元代农学家王祯发明的转轮活字盘

活字印刷工艺的著作。

第一节
纸币印刷

元初，政府就开始印造发行纸币。元代是中国古代纸币最盛行的时期，其发行量和发行地域大大超过以前各代。元朝印发纸币的情况，可分成以下四个阶段：

第一阶段是元世祖入主中原、统一币制之前，曾仿照宋、金二朝，发行纸币。在这一时期，政府虽于1253年设立了负责管理纸币印发的交钞提举司，但纸币印发并未统一，由各地分别发行，互不流通。譬如，元太宗八年(1236年)发行的交钞，就是由各地单独发行，互相并不流通。还有，博州(今山东聊城)的行政长官何实也曾发行过会子。并且，他所发行的会子与金代元光珍宝一样，同为丝质货币。可惜实物不存，其版面及墨色情况不详。

第二阶段是中统元年(1260年)，政府先后在京城和其他地方设置了负责管理纸币印造、发行、兑换、检认伪钞、回收昏钞等机构，开始发行“中统元宝交钞”。该钞以白银为本位，面额仍沿用铜钱单位，从十文到二贯分为十等，每二贯同白银一两。当时不限地区、不限年月使用。中央的印钞机构称印造局、印造交钞库及印造定钞库等。宝钞总库为存储发行机构，其他的纸币发行机构称行用库。为了防止伪造，还制定了严格的法律。礼部还在大都(今北京)设有白纸坊，专门制造印钞用纸。这些纸币初时还都是可以兑现的，但中统钞因发行量过大，不久即宣布不再兑现，强制永久通行，从此结束了兑现钞币时代。

世界上目前发现的最早的一张纸币实物就是中统元宝交钞壹拾文，应为1260—1269年之间印刷。该钞纸长16.4厘米、宽9.4厘米，正面上下方及背面上方均盖有红色官印。正背左上方盖黑色长条形合同印。纸质柔软，颜色青黑，正面墨印文字“中统元宝交钞，‘壹拾文’中统元宝，诸路通行，□字科，□字号，行中书省奏准印造中统元宝交钞。宣课差发内并行收受。不限年月诸路通行。元宝交钞库子，攒司，印造库子，攒司，伪造者斩，赏银五锭，仍给犯人家产，中统年月日，元宝交钞库使、副、判，印造库使、副、判、行中书省提举司”，背面上方横书“壹拾文”，下画10个古钱形图案。

第三阶段是元世祖至元二十四年(1287年)印发“至元通行宝钞”，共11种，与原发中统钞并行流通。新印发的至元钞的币值是中统钞的5倍，即一贯至元宝钞与五贯中统钞同值。此外，元武宗至大二年(1309年)曾发行“至大银钞”，从二厘到二两，共分13种面额。其值，每两折至元宝钞五贯。至大银钞印发不久，元仁宗即诏令废止。

第四阶段是元顺帝至正十年(1350年)印发的“至正交钞”，一贯折至元宝钞二贯，或钱千文。当时正处于元朝行将灭亡之际，军费开支巨大，政府筹措无术，靠印发纸币解决，导致纸币滥发无度，纸币贬值日甚一日。

元朝对纸币的印刷与发行管理相当严密，它建立了一套世界上最早、对世界颇具影响的纸币流通制度。除印刷管理机构的设置外，还有一系列维护纸币流通的制度、措施。然而，元代穷兵黩武，必然导致纸币增发，纸币贬值日甚一日，通货膨胀恶性循环，最终还是逃脱不了与元王朝共同覆灭的命运。

元代纸币印刷比起南宋关子、金代交钞，从工艺技术上略有简化，基本上是雕刻单版黑墨印刷，再通过正背两面印上红色官印来达到防伪的目的。中统钞印制初期甚至仅采用木雕版印刷工艺。从至元十三年(1276年)起改用雕刻铜版印刷。至元通行宝钞二贯的印制即为铜版，背面有四脚。元代的纸币印刷一般选用棉麻桑皮抄造专用纸。除印造发行纸币外，政府还在户部下设立印造盐引、茶引等局，负责印造盐引、茶引、钒引、铁引等有价证券。

第二节
织物印花与印金

元代的织物更加注重华丽的装饰和艳丽的色彩。元代丝绸印花仍大量使用染缬，名目有“檀缬”、“蜀缬”、“撮缬”、“锦缬”、“茧儿缬”、“浆水缬”、“三套缬”、“哲缬”、“鹿胎缬”等多种。又据明代杨慎《丹铅总录》称：“元时染工有夹缬之名，别有檀缬、蜀缬、浆水缬、三套缬、绿丝斑缬诸名，问之今时机坊，亦不可知也。”从上记载可知，这些染缬工艺约到明朝就已失传，今已不能一一考

元印金花卉绫长袍，内蒙古察右前元代集宁路故城遗址出土，现藏内蒙古自治区博物馆

元中统元宝交钞壹贯文省印样

元中统元宝交钞贰贯文省版，铜质

元中统元宝交钞壹拾文，现存的最早一张纸币实物

元印金描朱兔纹纱，私人收藏

证。而且由于存世的元代丝织物并不多，鲜有印花纺织品发现，不能不说是遗憾。

在印刷史上，元代丝绸印刷技术中最突出的特点就是大量使用印金技术，印金丝绸大行其道。元朝统治者喜好用黄金来表现权势和富贵。

从文献记载和出土实物来看，元代印金工艺较前代有较大发展。明显不同之点是元代印金已施行于整件衣服，而宋人则主要用于衣襟局部。元集宁路故城、甘肃漳县元代汪氏家族墓出土物中均有大量印金、印银织物，其质地多为素罗和素绫，这同时也可在元代史料中找到佐证。文献中提到元代的丝织物用金方法除织金和绣金外，还有销金、泥金、贴金、砑金、铺金等各种方法，均用罗或绫作底料。这些工艺虽然已不能逐一考证清楚，但是销金技术作为元代最重要的印金工艺，后世广为流传。销金是将金箔贴于事先按图案印好的黏合剂上，待黏合牢固后，再将未黏合部分粉碎去除的工艺。可以说，元代绝大部分的印金实物都是销金织物。其所见图案有疏有密，所用印花版也有大有小。一般较多地采用稀疏的小型的答子花纹，偶尔也见较密的连续大型印花纹样，如遍地缠枝花纹。此外还有在印金或印花之后再进行套色加印或是添加描绘的。如英国伦敦一私人收藏的元代印金兔纹纱，它是在印金的基础上再加印朱砂，用来勾勒图案的轮廓，以使图案的主题更加醒目。

1976年 11 月，内蒙古自治区文物工作队在集宁市东南 30 千米的察右前旗巴音塔拉公社土城子村，元代集宁路故城“集宁文宣王庙学碑”西南 100 米处的窖藏中，发现一批印金提花绫和纱罗织物。这批织物的印金方法大多是在刻有凸纹的印花版上涂金，直接印在织物上，或在凸纹印花版上涂抹黏合剂，在织物上印出纹样，再贴金箔，烘干或烫干后，剔除多余的金粉或金箔，经修整后使花纹轮廓整齐光洁。有的还添绘色彩。出土印金实物有：

印金夹衫 1 件。衣面为棕色素罗织物，前襟镶有贴边，贴边为宽 2.5~3 厘米的织物条，上织蔓草小花，凸版印金圆形冰裂图案花纹，直径 8~9 厘米。

印金提花长袍 1 件。天蓝色地，斜纹提花绫。衣料上印制有金花。金花每朵 2 厘米×2.3 厘米，八朵为一组。每组有牡丹、菊花、兰花、梅花等。

印金被面 1 件。黄色斜纹提花绫。织物通身印 2.3 厘米×2.3 厘米的方形金花，有牡丹、莲花、菊花和玫瑰等。在被面中部两侧各有一条印金绫带，缀在接缝线之外，作为装饰之用。

印金素罗残片 1 件。残片长 20 厘米、宽 11~13 厘米，上印 2 厘米×2.3 厘米的长方形金花，有牡丹、菊花、兰花、梅花等。

印金素罗残带 1 件。金花有牡丹、祥云、草花等。

印金绢残带 2 件。米黄色平纹绢，金花有荷花和祥云等，似为衣服上的镶边，各残长 18 厘米、宽 3.5 厘米。

甘肃省漳县汪氏墓出土的织物大多为贴金法印制，即在雕刻好的凸印版上刷上用黏合剂调和好的金粉直接印刷。如现藏于甘肃省博物馆的汪氏墓中出土的一件泥金罗衫，采用镂空版印制，是先缝制成衣后再进行印花，印版交接处一般很难发现。这说明当时的印金工艺已十分成熟。

元代的拍金、销金、印金工艺和现代印后加工技术中的贴金、烫金、描金、点金、印金工艺十分接近。

第三节

套印《金刚经注》

在手工抄写的年代，为了达到方便阅读或使书的页面更加美观的效果，人们采用了朱、墨两色或多种颜色来抄书、写书。据记载，最晚在公元 1 世纪时，古人已采用了这种方法。《隋书·经籍志》著录的书籍中，有东汉时期贾逵撰写的《春秋左氏传朱墨别》，说明贾逵已采用朱、墨两种颜色来分别书写经文和传注了。稍后一些的董遇，以研究《左传》著名，他也曾著《朱墨别异》一书，把《春秋》的经和传分用两种颜色抄写，给研究和阅读带来了很大的方便。6 世纪时，有人将《神农本草》与陶弘景《本草集注》抄写在一起，用朱色抄原文，墨色写注解。

在同一页书上以两种颜色书写，需要非常细心，很容易出现失误。于是，出现了用单一墨色抄书，而在需要做区别的地方，加上朱点的方法。敦煌藏经洞出土的写本《经典释文》即为最典型的实例，该书恰是全部墨色书写，只在经文上点一朱点，以示经、传之区别。尽管如此，时间一长，辗转传抄，还是难免将经注互相混淆，发生错误。

元黄罗地印金搭子，私人收藏

元印金花卉罗夹衫，内蒙古察右前旗元代集宁路故城遗址出土，现藏内蒙古自治区博物馆

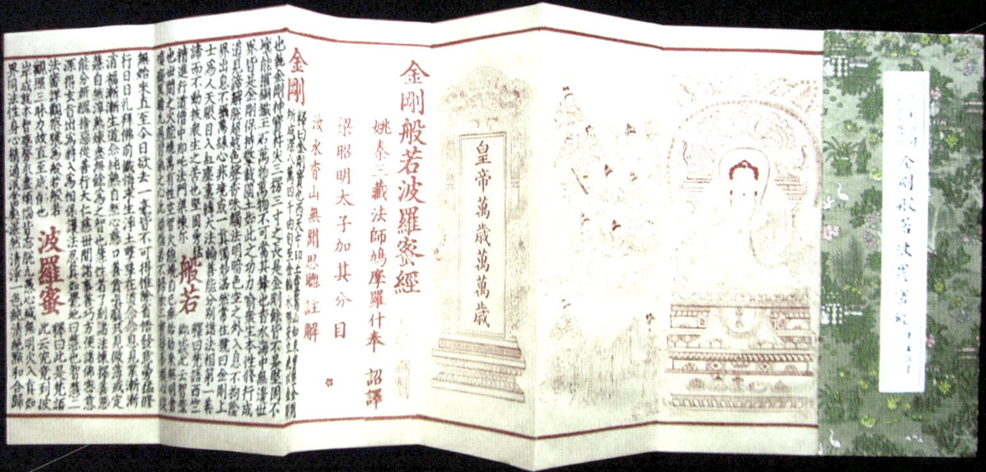

元代套印《金刚经注》复制品，原件存于台北“故宫博物院”

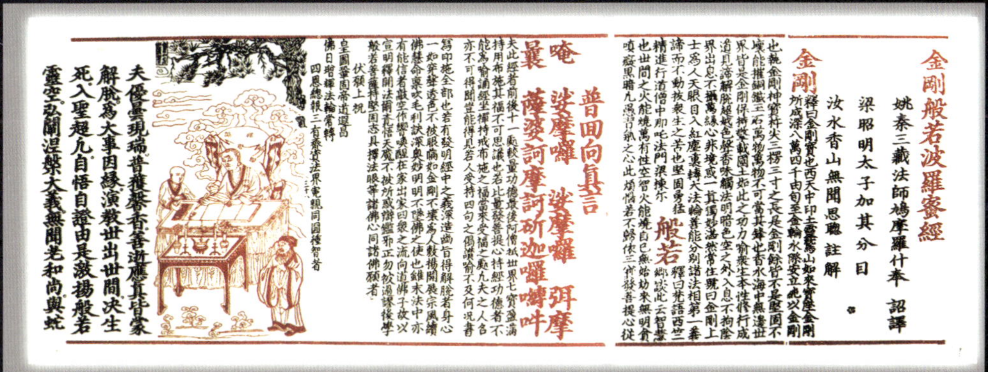

元代套印《金刚经注》首页

印刷术之所以被称为“文明之母”，就是因为它是古代唯一的一种传播文化的技术手段。印刷术为图书的大量生产创造了极为方便的条件。但是，雕版印刷术发明之初，一版一印，单色印刷，用一种颜色区分不同的内容，十分困难。图书文化的发展使书籍的著述方式越来越多样化，注疏之外，批点、批语、批抹、评注等图书的编纂形式，也开始兴盛起来。印刷术也需要进一步的改进才能适应这些特点。人们再次用新的方法加以试验。如用大字、小字区别内容的不同，即用大字单行印经文，小字双行印注解，或用墨围、括号另起行等等，但是毕竟不如直接用不同的颜色来区分效果好。因此，如何使印本书也像写本那样做到朱墨分色，就成为印刷术迫切需要解决的一项课题。经过人们反复实践，书籍套印应运而生。

印本中还有阴阳文区分内容的，如北宋初期(974 年)，李昉雕版印刷成《重订开元本草》，其序言称：镂版时“以白字为‘神农’(指《神农本草经》)所说，以黑字为‘名医’(指《名医引录》)所传。”类似这种以黑、白两色字体印制的书还有元刻本《农桑辑要》等。

台湾“中央图书馆”的馆藏珍宝——元刻朱墨本《金刚经注》是我国印刷史上的一件珍贵文物。该本为经折装，书中大字经文用红色墨印成，注释双行用黑墨印成，卷首版画为无闻和尚解经情景。图意大抵是无闻和尚注经，天降祥瑞，生出三朵灵芝。图中注经图和经解分朱墨二色印制，左上角有“无闻和尚注经处产灵芝”题记。卷末印有“至元六年中兴路资福寺雕印”跋文。该套印本赏心悦目，是目前世界上有确切纪年的最早的一本双色套印古籍。该本是台湾“中央图书馆”于 1947 年在南京购藏，递藏源流无从考证，庆幸的是该书经元、明、清后，仍保存得极为完好。

元刻朱墨本《金刚经注》外套绫面云纹嵌装函，十分精致。全本由三十七版(印张)组成，每版印五半页，版心记有版次，自第三至三十九，独缺一、二两个版号。据此推测有两种可能：一种是扉画及尾图均为手绘，原刻印的两幅版画已被替换；还有一种可能是出于版面美观的考虑，扉画与尾图印版上故意没刻版序号。

关于这本在彩色印刷技术发展历程中具有重要意义的《金刚经注》的印制工艺，印刷史学界分成三种不同的意见：

郑振铎先生、周芜先生都认为它是朱墨两色套印本。即认为该本中每一页纸的印刷当是雕刻了两块版,一块印制黑色,一块印制红色。

大多数的学者则认为,每页只雕刻一块印版,在印制时,分别在版的不同区域涂上朱墨二色,一次印成。

台湾的李兴才先生亲自主持了该本的仿真复制工作,他从刻本中有些地方看上去有套印不准的现象来分析,认为《金刚经注》应当是每页雕刻一块印版,分两个工序套印而成。第一遍,在需要红色的地方刷上朱墨,统一印制出所有印张,待干燥后,再将黑色墨刷在其他版面上第二遍套印出成品。

无论元刻朱墨本《金刚经注》采用哪种工艺印制,它作为早期成熟精美的彩色书籍的代表,成为印刷史上的一颗璀璨的明珠。

第四节
彩印壁画

2006年 12 月,在由中国印刷技术协会印刷史研究会与中国印刷博物馆组织的印刷史学术研讨会上,中国敦煌研究院考古所所长刘永增先生作了学术报告,报告的题目是《张掖马蹄寺北寺彩印五方佛的表现方法及其意义》。刘永增通过对张掖马蹄寺北寺窟顶的佛说法图进行细致对比分析,认为张掖马蹄寺北寺窟顶出现的彩色五方佛是采用印刷与敷彩相结合的方法制作,为古代彩印技术研究提供了新的资料。

墙纸也称花纸, 西方学者都认为源自中国,16 世纪时法国传教士从中国带到欧洲。后来,荷兰、英国、法国的商人也从广东将墙纸带到自己的国家。17世纪,欧洲开始仿制墙纸,风行一时。在西方有关中国墙纸的最早文献记载是1693 年英国玛利皇后有关“中国和印度的饰橱、屏风及挂帘”的记述。18—20世纪,欧美等国家关于古代中国墙纸有多处记载,而在中国的文献中却很少关于所谓墙纸的记录。本书在开始部分就分析过,以前关于中国古代印刷史的研究往往只注重书籍印刷历史,而忽略了其他实用领域。这次张掖北寺彩印五方佛壁画的出现正好用实证填补了这项空白。

马蹄寺石窟群位于甘肃省肃南裕固族自治县城东南 80 余千米的临松山

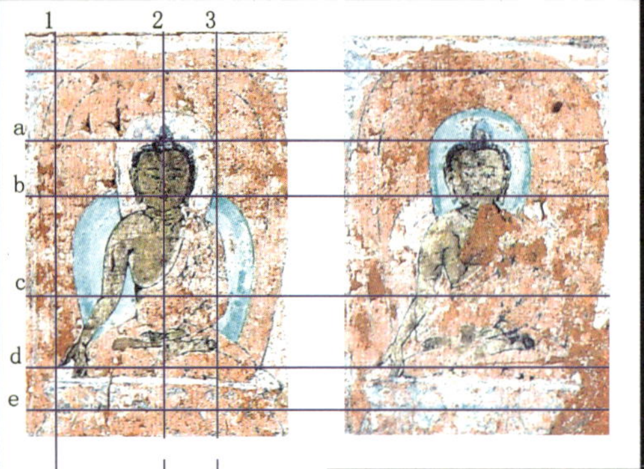

甘肃张掖北寺
第3窟第4洞中佛
像印版比较

甘肃张掖北寺第3窟第4洞南坡
第2洞天井上的两幅如来佛像

甘肃张掖北寺第3窟第4洞

中，由北寺、南寺、千佛洞、金塔寺和上、中、下观音洞7处石窟组成。北寺石窟位于马蹄寺北坡，石窟面东向西，自南向北开凿，原有洞窟30多个，现存洞窟9个。

关于马蹄寺南北两寺的初创年代已无从考籍，据窟内现存的造像、壁画内容以及历代游人的进香题记推测，北寺大致开凿于元代早期。

这批最新发现的彩印木刻画位于北寺，即第3窟下层洞窟的天井。北寺第3窟又名“三十三天”。据《东乐县志》记载：“有石门二十，石洞七，俱凿大小神像，即寺僧所谓三十三天也。”石窟自下而上分5层开凿，第一、二、三层各横列洞窟5个，第四层3个，最上层1个，加上崖面南侧上方的2个，合计21窟。

通过敦煌考古研究所研究人员的反复比对，发现其中4个洞窟总计残存数十幅彩印佛像，其中约有16幅佛像保存完好。所有残存的佛像壁画均出现于北寺第三窟下层的4个石洞中，4个洞形制大致相同。彩印佛画均位于洞窟天井纵向人字坡顶上。天井极为平整，以红黏土修造，并且坡的两侧满布横长方形的方孔，多数方孔中也填充有黏土。许多地方都还隐约可见粘贴五方佛时留下的痕迹。

从其中较为完整的16幅彩印佛画来看，如来的右腋部、下颌与双眉，有的如来的两手及耳部等部位都各有不同程度的淤墨。出现这种现象很明显是由于印版有磨损和用墨太多，刷黑不匀所致。其中，第4洞南坡上的佛，每组横向印五尊如来，竖向三排计15身印在同一张纸上。所以，我们将这批新发现的彩印壁画称为彩印五方佛。由于粘贴时纸张的外缘相互叠压，虽大部分已经脱落，但还是在墙壁上明显地留下了两纸边相互叠压的痕迹。北寺第3窟第4洞南坡现存完整的五方佛六纸，计90身。

上页图中的第2洞天井上的两幅如来佛像，原为上下相邻排列。如果将它们作纵向和横向两次对比，根据绘制的参考线不难看出，上下二宝生如来是依照同一模板印制的。从天井上保存的纸幅大小看，北寺第2洞北坡竖向四排，横向五纸半。若以六纸计算，开窟之初的北坡可贴二十四纸，每纸印五方佛8身，计192身。由于第4洞保存完好的佛像较多，我们可以对比出一组15身的壁画中有3个不同的佛像印版。也就是说，一整张五方佛最少使用了3

套不同的印版。

这批彩印壁画的用色极为巧妙，每幅佛像色彩上也有浓淡之分，说明了绿色的莲瓣不是套色印刷而是手工填色。并且，当一幅佛像以深浅两种绿色填充身光时，头光及足下的莲座或留作白色，或填以淡绿。当头光中填充绿色时，足下的莲座也一定填以浓绿色，而身光却留作白底色，每两幅相邻佛像都照这种规律加以区分，交错往复循序渐进，从而使得整个天井呈现出色彩斑斓的艺术效果。

以上通过敦煌考古研究所对马蹄寺北寺第 3 窟天井彩印五方佛进行的细致考证，证明了在中国的元代早期，彩印技术已经应用于建筑装饰领域，尽管这里所说的彩印还不是套色印刷，而是印刷敷彩技术。这是印刷术早期应用领域的最新拓展，是近代印刷史学术研究的一项重大突破。

第八章

明代的彩色印刷

明代是我国古代彩色印刷事业的全盛时期，古代各种印刷技术都在明代得到了广泛应用。明代除了印书品种多、产量大、质量精外，在印刷技术、印刷材料等方面也有新的发展。其主要特色是：雕版印刷技术更为精湛，涌现出一大批图版雕刻高手；除雕版外，木活字、铜活字广泛应用；印刷专用字体成熟并广泛应用；出现了彩色套印技术；印刷规模大、品种多、地域分布广；书籍装帧形式从明朝开始广泛使用线装，从而完成了古代书籍装帧形式的演变。

明代的彩色印刷工艺从古代敷彩印刷发展到套色印刷、木版彩色套印。彩色印刷品更是出现套色书籍、彩色版画、木版年画等品种。

第一节
朱蓝印本

由于历史文化悠久，中国专门有一门古籍版本学科。版本学中的图书包括了中国古代各种写本、拓本、雕版或以影印、石印等其他方法刊印的版本。古籍图书的版本内容复杂，种类繁杂，因此版本分类的方法有许多种。按版本的存世量和稀缺性划分，有善本、珍本、孤本、秘本、祖本、真本、俗本等等；按文字内容划分，有批校本、评点本、圈点本、足本、节本、残本、注疏本、题跋本、绘图本和绣像本等等；按出版情况划分，有初刻本、重刻本、精刻本、单刻本、书帕本、百衲本、递修本等等；按图书的不同时代划分，有隋唐五代写本、宋刻本、辽刻本、金刻本、元刻本、明刻本和清刻本等等；按出版阶层划分，有官府刊刻的监本、内府刻本、地方官学刻本、藩府刻本等，也有私家出资刊刻、抄传的私本，还有为一定的商业目的而由专门书坊刊印的书坊刻本等；按图书的装帧形式，又常常将它们划分为简册本、卷子本、折子本、蝴蝶装本、旋风装本、包背装本、线装本、巾箱本、袖珍本等等；按图书版本的墨色还被区分为朱墨本、套印本、蓝印本和红印本等等。

红印本、蓝印本从明代开始兴起，一直流传到清代乃至民国，有时也称朱蓝印本。朱蓝印本是指雕版印刷过程中书版雕完，在正式刷印之前常要试印，试印时使用的颜色常用红或蓝色。这样做的目的有三个：一是以此检查是否有错字和着墨是否均匀，以便及时修整印版；二是初印的书籍印刷效果好，利于收藏传世和馈赠亲友；三是用不同颜色的版本，以示初印和后印的区别。这种试印的书，红颜色者就称朱印本，蓝颜色者就称蓝印本。这种印本因为是新版初试，字画清晰，刀法剔透，初印精美色泽鲜艳，加上印数少，传世罕见，历来为版本家和藏书家所看重。这种特殊印刷、校对方式从明中期开始流行。《书林清话》载："其一色蓝印者，如黄记《墨子》十五卷……此疑初印样本，取便校正，非以蓝印为通行本也。"

蓝印本或红印本也是初印本的代表词，因此，拍卖市场上两种本子价格相对较高。有些刻本的墨色黑中带紫，是由于书版上早先刷抹的红色尚未完全褪尽，与黑色掺杂所致，一见也可知其为初印本。

蓝印本，亦称靛印本，是用蓝色墨刷印的版本。这种蓝印墨通常是以靛蓝为主。今天汉语中人们所说的"蓝本"、"蓝图"，其源流就出自于明代的"蓝印本"。现存较早的蓝印本有15世纪末的《灵棋经》一卷（成化十四年，1478年），《安老怀幼书》四卷（弘治十一年，1498年）。广东刻印的正德十四年（1519年）

明代司礼监经厂印书场景图

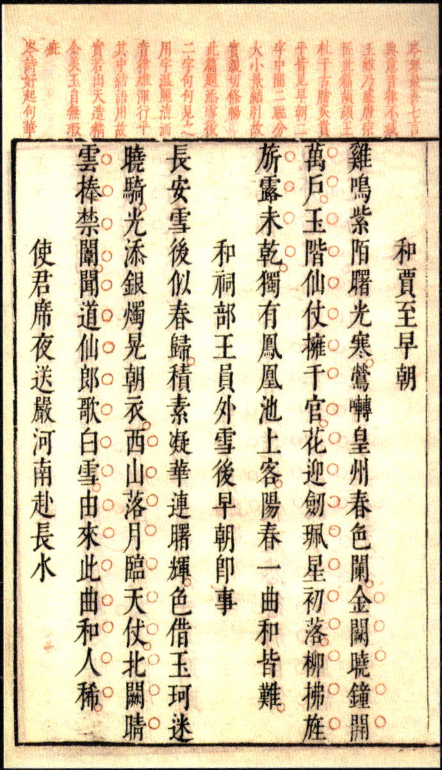

和賈至早朝
雞鳴紫陌曙光寒鶯囀皇州春色闌金闕曉鐘開
萬戶玉階仙仗擁千官花迎劍珮星初落柳拂旌
旂露未乾獨有鳳凰池上客陽春一曲和皆難
和祠部王員外雪後早朝卽事
長安雪後似春歸積素凝華連曙輝色借玉珂迷
曉騎光添銀燭晃朝衣西山落月臨天仗北闕晴
雲捧禁闈聞道仙郎歌白雪由來此曲和人稀
使君席夜送嚴河南赴長水

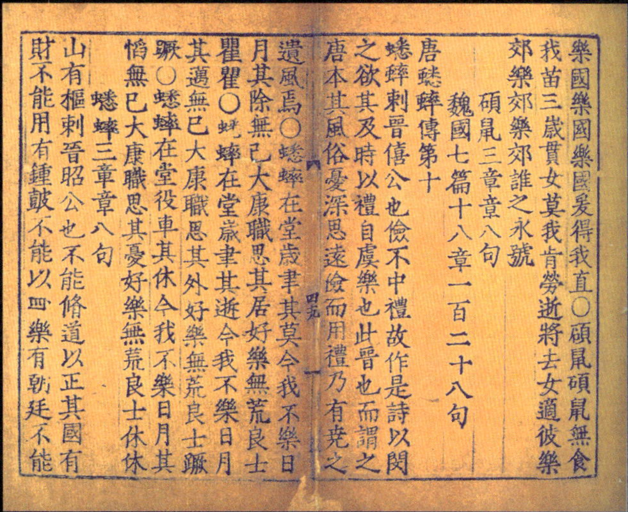

樂國樂國樂國爰得我直○碩鼠碩鼠無食
我苗三歲貫女莫我肯勞逝將去女適彼樂
郊樂郊樂郊誰之永號
碩鼠三章章八句
魏國七篇十八章一百二十八句
唐蟋蟀傳第十
蟋蟀刺晉僖公也儉不中禮故作是詩以閔
之欲其及時以禮自虞樂也此晉也而謂之
唐本其風俗憂深思遠儉而用禮乃有堯之
遺風焉○蟋蟀在堂歲聿其莫今我不樂日
月其除無已大康職思其居好樂無荒良士
瞿瞿○蟋蟀在堂歲聿其逝今我不樂日月
其邁無已大康職思其外好樂無荒良士蹶
蹶○蟋蟀在堂役車其休今我不樂日月其
慆無已大康職思其憂好樂無荒良士休休
蟋蟀三章章八句
山有樞刺晉昭公也不能脩道以正其國有
財不能用有鍾皷不能以自樂有朝廷不能

明代活字蓝印本《毛诗》

及嘉靖十三年(1534年)《乡试录》,都是蓝印本。明代蓝印以嘉靖、万历年间最盛。建阳有墨窑造墨,又产蓝靛,因此建本中也有少数用土产蓝靛来印书的。明活字本中也有少数蓝印的,如《毛诗》、《墨子》。

另外,从明代中期开始,印谱、符箓等书籍一般全用朱色印刷,明末的志书多用蓝色印刷。由于南方家谱自明万历年间起多用木活字排印,因此一般不再需要采用朱印本或蓝印本进行校改,而是多用拖盘谱来代替完成校改,所以明末家谱类文献中朱印本或蓝印本是比较少见的。

第二节

套色书籍印刷

套版印刷术虽然不是肇始于明,但是明代尤其是万历、天启年间,却是套印书籍印刷术的盛行时期。据王重民先生《中国善本书提要》考,万历三十年(1603年)新安黄氏初刻《女范编》,为墨色单印本。四五年后该书改编重刻为《闺范十集》,加朱色眉批,这便是现存最早的明代套版印刷书籍。

郑振铎先生旧藏《花史》,为万历二十八年(1600年)刊本,分春夏秋冬四卷,述桂花、芙蓉、百合、金凤、秋牡丹、鸡冠等花卉形态及种植法,有彩印花卉版画。郑振铎先生考证其印法"是用几种颜色涂在一块雕版上,如用红色涂在花上,绿色涂在叶上,棕色涂在树干上,然后复在纸张上刷印出来的"。也就是说,它是单版涂色一次印成。这和后来的分版分色套印还有着明显的区别。

万历三十三年(1605年),徽州程大约滋兰堂刻印了带有彩色插图的《程氏墨苑》,是明代彩色印本中重要的作品。程氏是徽州制墨名家,据王重民先生《程大约传》考:"有方于鲁幼贫,客于大约习制墨,后与大约相牾,独张墨业,辑《方氏墨谱》六卷。大约愤其辜恩,遂于万历十六七年复肆业墨,辑刻《程氏墨苑》,由著名画家丁南羽、吴左千等绘图,诸黄绣梓,遂凌于方谱之上。"出于市场竞争的目的,又兼个人成长经历等因素,其不惜工本,刻印力求精益求精的目标是可以想见的。现存《程氏墨苑》,有墨印、彩印两种。中国国家图书馆收藏的《程氏墨苑》彩印本是存世唯一一部保存完整的彩印本。书中有彩色印图55幅,一般采用四色、五色分饰不同的器物、花鸟等。《飞龙在天图》使用四色彩印，印制精丽动人。彩印使用的方法是，在一块版上将各部分分别涂上不同的颜色，一次印成。这种着色的印制方法对雕刻和印刷的工艺要求很高，与分版彩印只有一步之遥，可以说它是饾版的前驱，从技术水平来讲，比《花史》已经大大前进了一步。

万历中晚期，苏杭一带刊行了不少彩色春宫图册，如万历三十四年(1606年)的《风流绝畅图》，由新安刻工黄一明镌，共24幅，墨、蓝、红、绿、黄五色套印，图画明显来自唐寅的春宫画。自海外传印的影本看，大至居室厅堂，小至花草山石，以及花瓶、插花、杯盘、灯烛等饰物，不仅设色明丽，刻印也很精致。《虬川黄氏宗谱》中没有黄一明的相关记载，但其也应当为黄氏一族中的镌图名手。从销路看，这类本子在苏杭等工商业较为发达、市民文化气氛较浓的城市有较大市场。黄一明很可能就是寓居杭州的名工匠。此外，印于1610年前后杭州养浩斋刊刻的《花营锦阵》，图24幅；明天启年间牡丹轩绣梓的《鸳鸯秘谱》，图30幅，也都是五色套印。上述虽然皆为亵图，绘刻之精丽奇绝，则堪称一时之选。毋庸讳言的是，明代的一些木刻家，在镌刻此类春宫图时，反而显现出了极大兴趣，对其中自然主义的描绘，更是尽其所能，如果从纯艺术的角度看，这些图册都是中国古代彩色套印书籍中极具价值的作品。

明代后期套版印刷十分流行。套色印刷得以广泛应用，主要有两个方面的历史原因：一是16世纪以来，杨慎、归有光、茅坤等一批学者开始掀起了批点古书的潮流。他们批点书籍，不仅用两色，甚至经常采用四五种颜色。印刷工场要传刻这些名家的批点本时，就不得不选择套版印刷，才能充分反映原作者的意图，达到醒目、美观的阅读效果。二是明代社会经济文化繁荣，雕版印刷技术在这一时期达到了纯熟的程度，这也为套版印刷的应用提供了良好的物质基础和技术条件。

万历后期，吴兴闵、凌两家崛起，成为明代套版印书最杰出的代表。

闵、凌两家皆为吴兴望族，从事过刻书的人颇多，而其中最著名者则为闵齐伋和凌濛初。闵齐伋，字及五，号寓五，生于明万历三年。诸生出身，博通经史，著有《六书通》一书传世。万历四十四年(1616年)，闵齐伋与其兄闵齐华合作，刻印出了朱、墨套印本《春秋·左传》十五卷。该书《凡例》云："旧刻中凡有批评圈点者，俱就原版墨印，艺林厌之。今另刻一版，经传用墨，批评以朱，

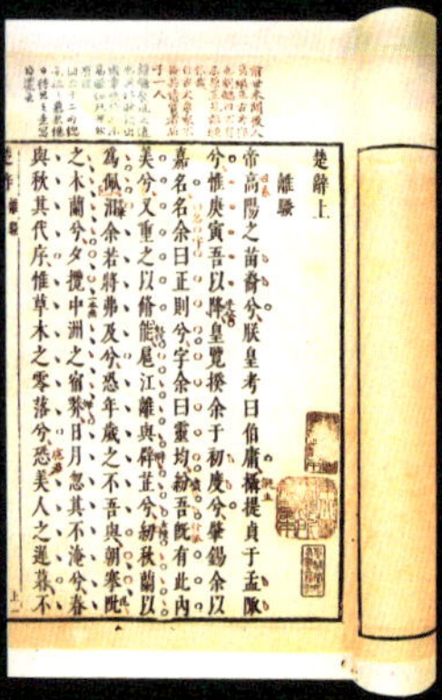

明万历四十八年三色套印闵齐伋《楚辞》二卷

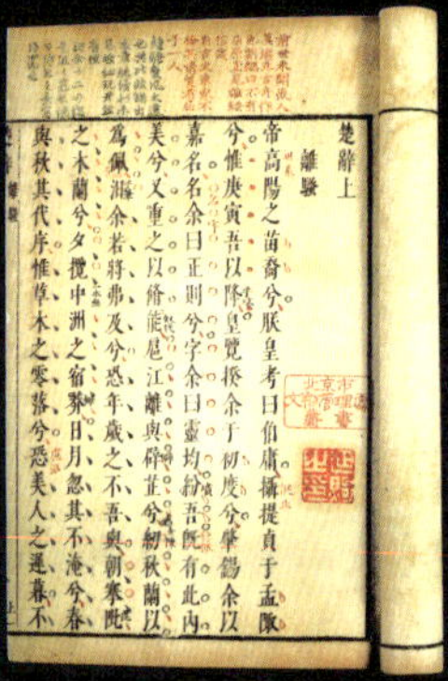

万历闵齐伋三色套印本

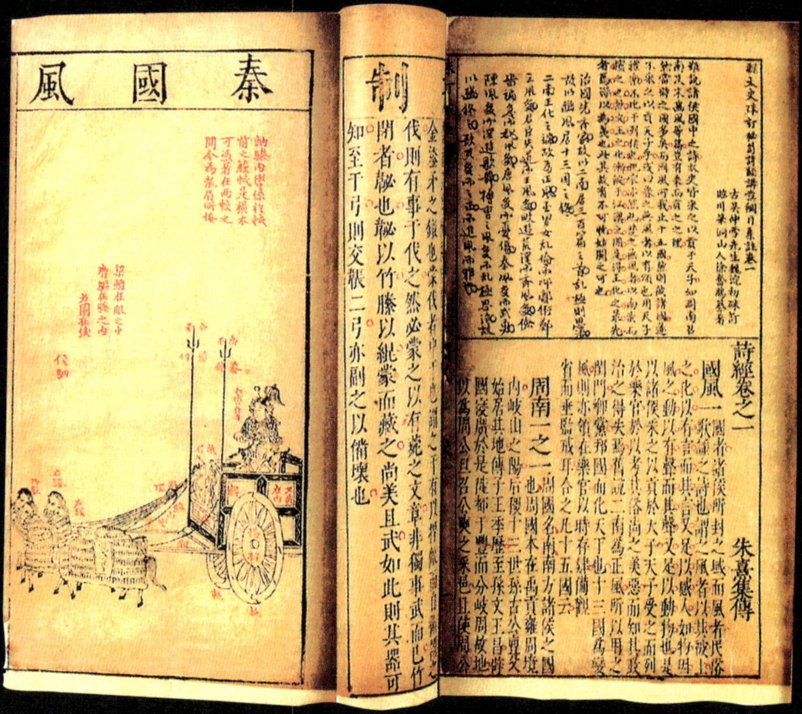

明天启五年(1625 年)启新斋刻三色印本《诗经主意纲目》

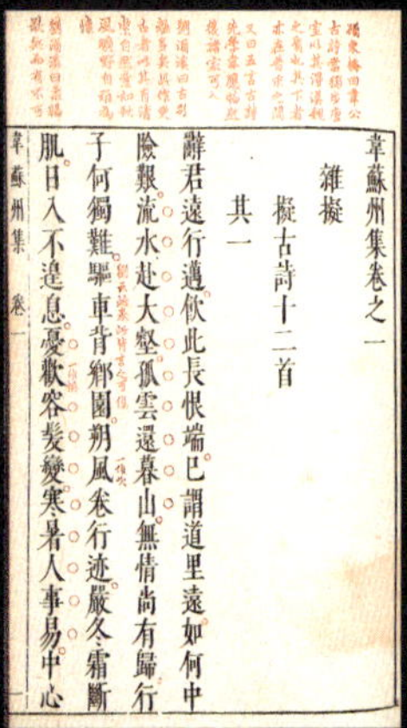

吴兴闵齐伋朱墨套印本《韦苏州集》

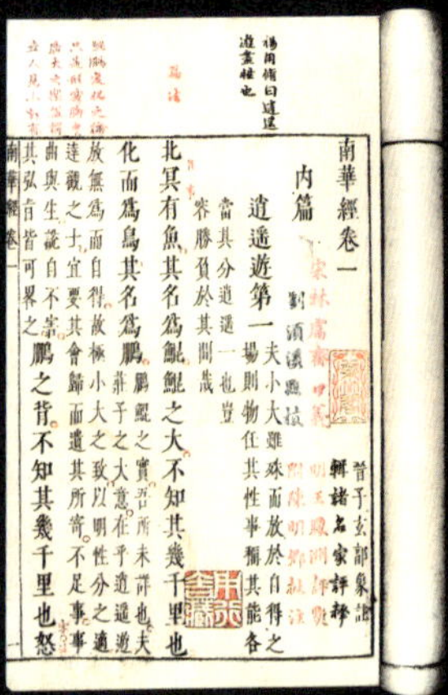

凌氏刻四色套印本《南华经》，全书共用四种颜色来代表不同的注文。林氏用浅紫色，刘氏用绿色，王陈合用红色，杨慎、郭象等人用墨色。诸子注文皆为行书，写刻原文用方体字

明代《程式墨苑》《飞龙在天图》

校雠不啻三五，而钱刀之靡，非所计矣！置之帐中，当无不心赏。其初学课业，无取批评，则有墨本在。”话说得很清楚，闵氏刻套印本的初衷，并非专为美观计，而是为了适应明代盛行的评点经史的学术风气，正文和批评、注释文字，区别以颜色，读者持卷于手，泾渭分明，一目了然，当然更利于研习。这部《春秋·左传》，就是现知最早的吴兴双色印本。

闵齐伋所刊套印本中，以朱、墨两色印本为最多，有《考工记》、《东坡易传》、《左传》、《老子》、《庄子》、《孟浩然集》等 20 余部。天启元年（1621 年），他刊成朱、墨、黛三色套印本《孟子》，为三色印本之始。另刻有四色套印本《世说新语》，载刘应登、刘辰翁、王世懋三家评语。凌森美为该书所撰《序》云：“耕庐（刘应登）缀以黄，须溪（刘辰翁）缀以蓝，敬美（王世懋）缀以朱，分次井然，庶览者便于识别云。”这样的书籍，评语出自诸家而毫不错乱，持卷诵读之，研习之，悦目而赏心。类似的本子尚有三色本的《楚辞》，四色本的《文心雕龙》、《杜子美七言律》等。在晚明吴兴的套版印书业中，闵齐伋实为当之无愧的第一人。

除此之外，闵氏所刻套印本尚有天启元年闵振声刻朱墨套印本《兵垣四编》，闵昭明刊《新镌朱批武经七书》，闵一栻刊《唐诗艳逸品》，闵于忱刊《孙子参同》等。

凌濛初，字玄房，号初成，别号即空观主人，所编撰的《初刻拍案惊奇》、《二刻拍案惊奇》是中国古代白话短篇小说名著。他从事套版印书业较闵齐伋稍晚，数量上却犹有过之。较著名的有戏曲、小说作品《西厢记》、《琵琶记》、《红拂记》、《幽闺记》、《南柯记》、《虬髯客传》，以及《东坡书传》、《陶靖节集》、《孟东野集》等 20 余种；与凌瀛初合刻有朱墨套印本《韩非子》、《吕氏春秋》、《淮南子》，三色本《古诗归》、《唐诗归》等。从内容上看，多为子、集二部书，与闵齐伋更重正经正史不同。此外，凌氏所刊套印本尚有凌汝亨刻朱墨本《吕氏春秋》、《管子》，凌启康四色本《苏长公集》、朱墨本《苏长公小品》，凌云刻五色本《文心雕龙》、三色本《记诗绝句类选》，凌毓楠刻《吕氏春秋》、《楚辞注评》等。不过，凌氏刻书虽多，但校勘质量上却逊于闵刻，明谢肇淛在《五杂俎》卷十三中就批评说：“闵优于凌，吴兴凌氏诸刻急于成书射利，又悭于请人编摩，其间亥豕相望，何怪其然。”

闵、凌两家套版印书的版工特征是：版式基本相同，正文以仿宋印刷体，注释、批语多用手写体，版面清晰爽洁，疏朗悦目。在仅仅 20 多年的时间之中，闵凌两家共刻印套版书籍 130 多种，为后人留下一批珍贵的文化财富。

明代流行的套色书籍就雕印技艺的进步而言，历来评价颇高。明陈继儒在为闵振业所刊朱墨套印本《史记钞·序》中盛赞说："三代以上，漆文竹简，冗重艰难，秦汉以还，浸知手录。唐文皇遴选五品弟子入弘文馆抄书，雠对精详而诵读，因以赅博。自冯道、毋昭裔为宰相，一变而为雕版；布衣毕昇，再变而为活版；闵氏三变而为朱评，书日富，亦日精。"此言把开创之功归于闵氏，固有失当，但闵、凌两氏的确是二色或多色批评本的倡导者和实践家。

闵、凌二氏之外，明代从事套版印书可考的还有：茅氏茅兆河刻印的《庄解》十二卷，归安茅坤刻的《柳文》十卷、《苏文忠公策选》十二卷，南京吴京省刻的《苏长公密语》十六卷。另外，聚奎堂、一贯斋、庆云馆、程氏滋兰堂、版筑居等十余家也有套版印本。

第三节

木刻版画

一、版画的发展

明前期承元余绪，宗教版画在版画印刷中占有主导地位。洪武时刻印存世的版画不多，大致有洪武二十四年（1391 年）刊刻的《七佛所说神咒经》，扉画五面连式，绘刻十分精细。洪武二十八年（1395 年）刊《观世音菩萨普门品经》，有"京都应天府沙福智刊经"牌记，署"金陵陈声刻"，有图 41 幅，前冠观音说法相，后绘观音救难灵应图，是一部大型的佛教版画连环画，刀法娴熟，精妙绝伦，堪称明前期佛教版画的典范之作。

明永乐时，佛教版画取得了极为辉煌的成就，其间内府刊印大量佛经，如永乐九年（1411 年）刊《圣妙真实吉祥名经》，十年刊《大悲观自在总持经咒》，十七年刊《妙法莲华经》、《大乘妙法莲华经》，十八年刊《弥陀往生净土忏仪》、《佛说四十二章经》，二十一年刊《金光明经》、《御制金刚般若波罗蜜经集注》

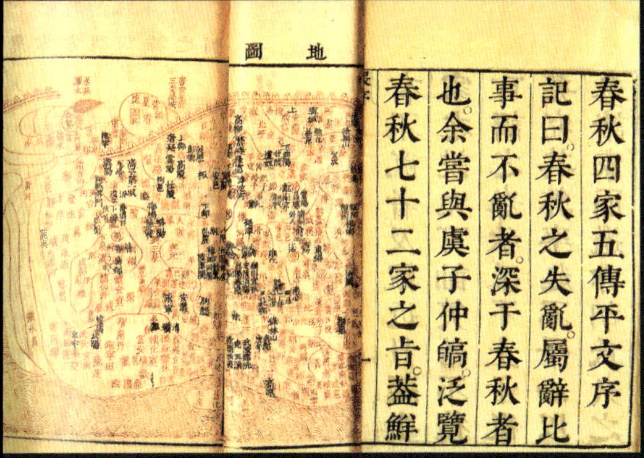

地圖

春秋四家五傳平文序
記曰春秋之失亂屬辭比
事而不亂者深于春秋者
也余嘗與虞子仲皜泛覽
春秋七十二家之旨蓋鮮

明崇祯十四年（1641 年）
君山堂朱墨套印本《春秋图》

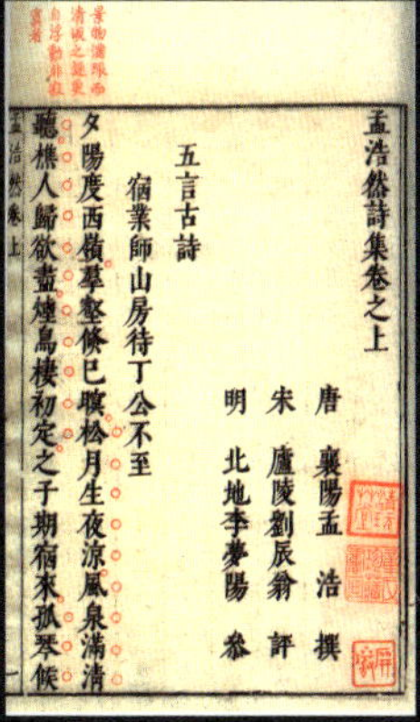

孟浩然詩集卷之上
唐 襄陽孟浩然撰
宋 廬陵劉辰翁評
明 北地李夢陽參
五言古詩
宿業師山房待丁公不至
夕陽度西嶺羣壑倏已暝松月生夜涼風泉滿清
聽樵人歸欲盡煙鳥棲初定之子期宿來孤琴候

明万历间凌濛初刻套印本《孟浩然诗集》，中国人民大学图书馆藏

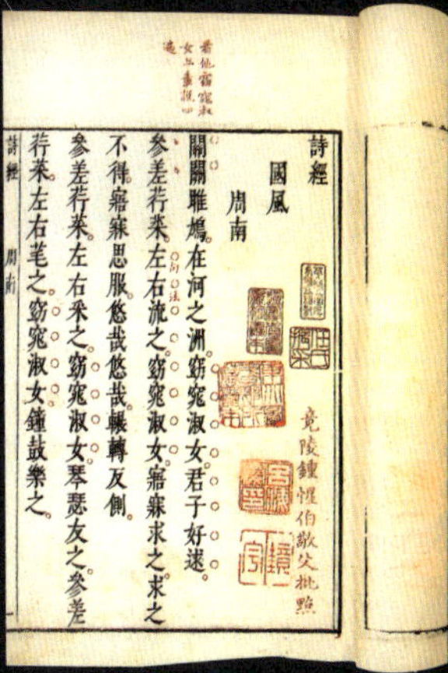

詩經
國風
周南
竟陵鍾惺伯敬父批點
關關雎鳩在河之洲窈窕淑女君子好逑
參差荇菜左右流之窈窕淑女寤寐求之求之
不得寤寐思服悠哉悠哉輾轉反側
參差荇菜左右采之窈窕淑女琴瑟友之參差
荇菜左右芼之窈窕淑女鍾鼓樂之

明凌濛初朱墨套印《诗经》四卷

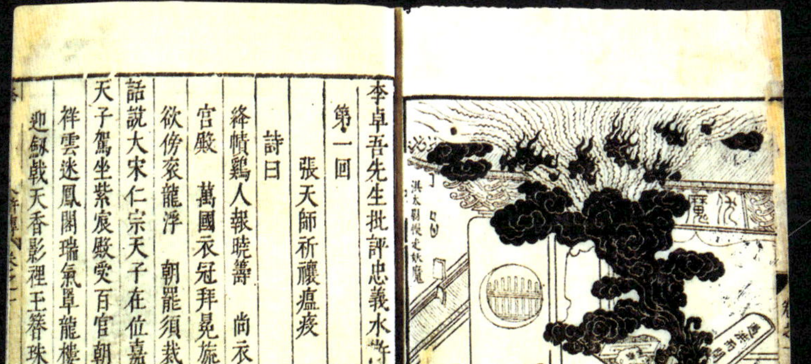

李卓吾先生批評忠義水滸傳卷之一
第一回 張天師祈禳瘟疫 洪太尉誤走妖魔
詩曰
絳幘鷄人報曉籌 尚衣方進翠雲裘 九天閶闔開
宮殿 萬國衣冠拜冕旒 日色纔臨仙掌動 香煙
欲傍袞龍浮 朝罷須裁五色詔 佩聲歸到鳳池頭
話說大宋仁宗天子在位嘉祐三年三月三日五更三點
天子駕坐紫宸殿受百官朝賀但見
祥雲迷鳳閣瑞氣罩龍樓含烟御柳拂旌旗帶露宮花
迎劍戟天香影裡玉簪珠履聚丹墀仙樂聲中綉襖錦

明代容與堂刻印《李卓吾先生批评忠义水浒传》

等，都冠有极为精美的扉画，其中不少作品，很可能是由宫廷绘画高手所绘，内府工匠所刻。寺院、私人、民间刻经，亦有许多佳作。如航海家郑和施刊的《佛说摩利支天经》，卷首所冠摩利支天菩萨像极具神采；永乐年间刊《金刚经》，前冠有《鬼子母揭钵图》，十面连式，画面之繁复精丽，已经到了无以复加的程度。

明宣德后，版画艺苑格局发生变化，尽管这时宗教版画仍占相当比重，但其他题材版画也逐渐发展。以戏曲、小说版画为例，出现了宣德十年(1435年)金陵积德堂刊《金童玉女娇红记》，每半页配单面图一幅，共有图86幅，是对宋、元流行的上图下文版型的大胆变革。明宣德后版画题材日渐丰富的趋势，还体现在人物、方志、军事、科技以及经史文集插图本的逐渐增多上，且不少题材都是具有开创性的，如正统九年(1444年)刊《圣迹图》，为孔孟圣迹图的祖本；成化刊《历代古人像赞》，所绘人物上起伏羲，下迄黄山谷，是存世最早的版画人物图像集；吴旦所刊《石湖志》，则为方志类书配有版画的早期刊本之一； 军事著作有正德年间重刊宋绍定本《武经总要》，嘉靖四十二年(1563年)刊《筹海图编》；生活用书有景泰七年(1456年)内府刊《饮膳正要》；医学书如正德十年(1515年)山西刊《铜人针灸图》、《西子明堂灸经》等；农业书有嘉靖九年(1510年)山东布政使刊《农书》；考古书有嘉靖间金台汪氏刊《宣和博古图录》等；画谱则有宣德时的《竹谱》、嘉靖间刊刻的《高松画谱》。所有这些，还仅仅是这一时期刻印的具有代表性的版画名作。

从以上列举的名作中不难看出，嘉靖、隆庆间，非宗教版画成为版画主流的趋势已十分明显。当然，这并不等于说宗教版画刊刻少了，而是其他题材版画凸显出了欣欣向荣的生命力。而且，随着市民文化和书业的繁荣，这种发展和变化是必然的，也必然带动版画艺术出现质的繁荣和飞跃。

现今能见到的最早的雕刻朱墨两色套印地图是明代《今古舆地图》。该图是明代吴国辅等人编制的古今对照的历史舆地图，明崇祯十一年(1638年)刻本，分上中下三卷，共有地图58幅，图中表示明代内容用黑墨，古代内容用红墨，以体现古今对照，这与传统的“古墨今朱”的用法相反。《今古舆地图》是明代历史地图集的代表作，中国国家图书馆、美国国会图书馆地图部都有收藏。

明代文献还曾记载了一种“造金银印花笺法”，不仅可以替代真金银进行描绘，几可乱真，而且巧妙运用印花技术，使同一图案花形可重复印制许多张。遗憾的是，这种古法“造金银印花笺”失传已久。

二、年画的兴起

前面我们已经欣赏了宋代的木版年画《东方朔盗桃图》。到明代，年画正式成为一种独立的艺术形式，而且木版年画的实物留存也较前代更为丰富。弘治元年(1488 年)所刊《九九消寒图》，中央绘梅花八十一瓣，周围有“一九”至“九九”的画图，再现了贺年、观灯、游春、耕田等活动及羊驮聚宝盆的吉祥内容。隆庆元年(1567 年)刻印的《寿星图》描绘了寿星拱手之像，形象古朴，设色浓丽。另外还有万历二十五年(1597 年)刻印的另一幅《寿星图》，中绘寿星、二童子，下绘八仙，背景衬以自然景物、云层等，上端横刻题字，外围并刻各种字体的“寿”字作装饰，绘刻细致，色彩绚烂。此后又有明崇祯时期天津杨柳青刻印的木版年画《孝行图》，采取八扇屏形式，每条画有三个孝子绣像，各题四言韵文。明代著名画家丁云鹏所绘木版年画《四贤图》四条屏，现藏安徽省博物馆，系木版单色刻印，内容为《杨震持廉》、《陶潜尚节》、《李密尽孝》、《孔明竭忠》。每屏各题七律一首，人物描法作钉头蚕尾，经过刻版印刷，具有鲜明、生动的效果。

明代的这些木版年画，主要是用单纯的墨版和朱色版套印。有的在墨版上再加添彩绘，即先用墨版印好轮廓，再以彩笔加工，这种技巧一直沿用到苏州桃花坞年画初期。直到年画制作充分继承了明代末期发明的短版套印技术以后，才改进为以套版为主，人工加彩为辅了。

第四节
饾版彩色印刷

明万历年间(1573—1619 年)，是中国古版画史、也是明代版画史的一个分水岭，其间小说、戏曲版画取代宗教版画，成为版画艺苑中最鲜艳夺目的奇葩。由于刊刻地域的不同，各地版画具有鲜明的地方特色，形成了建安派、金陵派、徽派三大版画艺术流派，杭州、吴兴、苏州等地版画亦呈方兴未艾之势，

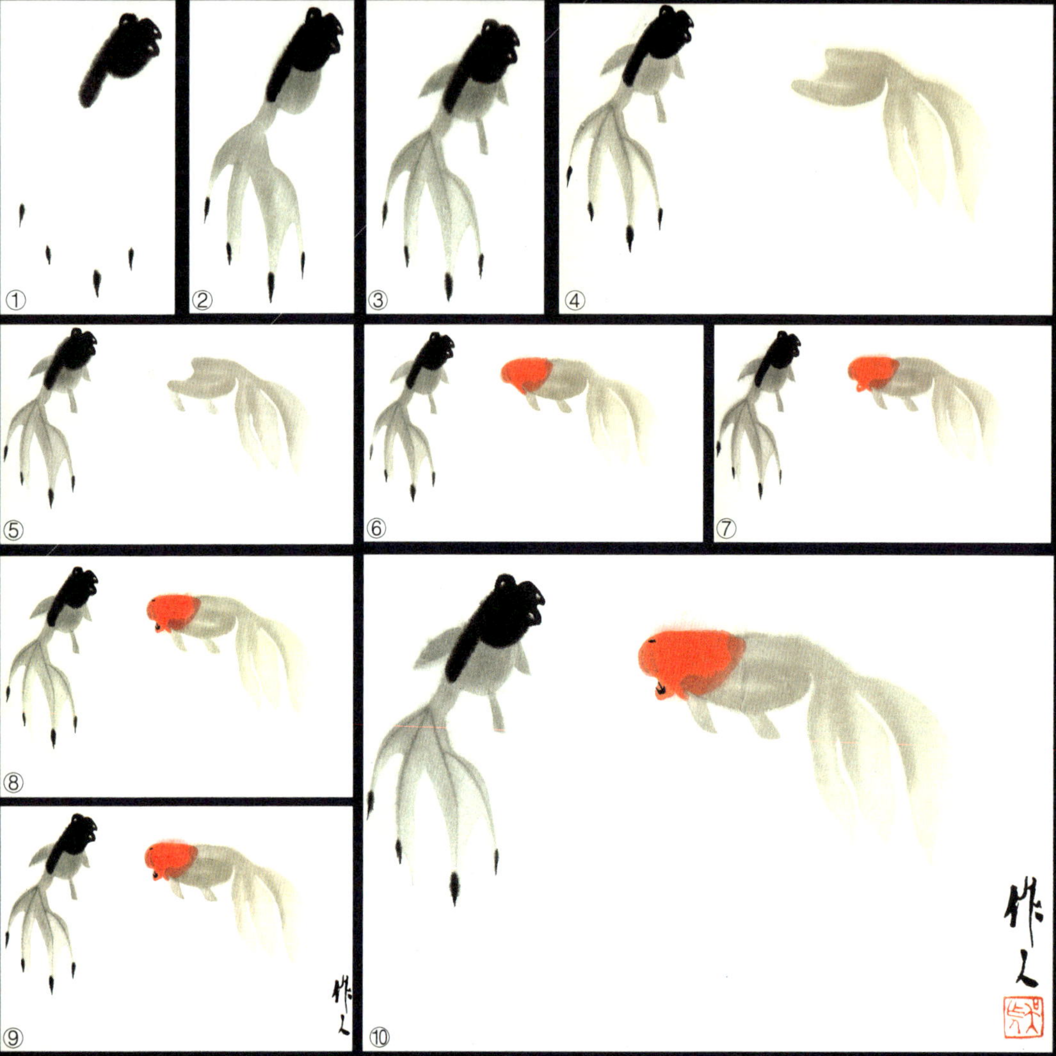

北京荣宝斋木版水印《金鱼图》的十个步骤

《萝轩变古笺谱》，上海博物馆藏

吴发祥《萝轩变古笺谱》拱花插页

明末杨家埠年画《三代宗亲》

使明代版画艺苑出现了百花齐放、推陈出新的大好局面。如果说洪武至隆庆可以看做是自元至明万历间的一个过渡时期的话，那么明万历就是过渡期后中国古版画史上真正的黄金时代。在中国版画史上，明代彩色套印版画所遗作品最多，成就亦最高。自宋元以来，人们长期探索的木刻彩印技术，至此产生了质的飞跃和淋漓尽致的发挥，其中最为重要的技术创新便是饾版彩色印刷技术的发明。

所谓饾版印刷，就是按照彩色绘画原稿的用色情况，经过勾描和分版，将每一种颜色都分别雕一块版，然后再依照“由浅到深，由淡到浓”的原则，逐色套印，最后完成一件近似于手绘画稿的彩色印刷品。由于这种分色印版类似于“饾饤”（一种南方小食品），所以明代称这种印刷方式为饾版印刷，也称为彩色雕版印刷，清代中期以后，才称为木版水印。明代的饾版印刷技术完全依赖手工，难度相当大。尤其印刷时的套版，必须高度精确。另外，水分的多少、浓淡的把握，都必须有相当的经验。最后的印刷品要体现出中国水墨画阴阳、向背、远近、虚实等笔意效果。

1963年，上海博物馆在浙江嘉兴发现了彩色套印的《萝轩变古笺谱》，这是中国古代彩色套印版画的一次最重要的发现。该本原为海盐张宗松清绮斋旧藏，著录于《清绮斋书目》，为天启六年（1626 年）金陵吴发祥所刊，共有画诗、筠兰、飞白、博物、折赠、雕玉、斗草、选石、遗赠、仙灵、代步、搜奇、龙种、择栖、书稿等类图 178 幅，绘写工致，色调和谐，镌刻劲巧，具有极高的艺术欣赏价值。笺谱中的飞白与雕玉全为拱花版，画诗部分有少许水墨，余图皆为饾版套色。这是今天所能看到的、使用饾版和拱花技术的最早印本。

“拱花”是指用类似浮雕式的方法来表现画面形象的一种方法。首先将木板按要求雕成凸版浮雕，将印刷纸张按画面需要局部水湿捶打，然后吸干水分使其固定，图案即成浮雕效果。天空的白云，河中的流水，禽鸟的羽毛，树叶的纹脉，尤其适合使用这种技法。因为最后形成的图形是拱起的，因而称为“拱花”。拱花技术在印刷史上也占有重要的地位，一直到今天，无色压凸印刷还广泛地应用于各种装潢印刷。

饾版和拱花，都是中国彩色套印史上的杰出发明创造。《萝轩变古笺谱》卷首颜继祖撰小引称：“吾友吴发祥……于焉刻意标新，颛精极雅，删诗而作绘事，点缀生情，触情而摹简端，雕镂极巧，尺幅尽露风云之态，连篇传禽虫花卉之名。大如楼阁关津，万千难穷其气象；细至盘盂剑珮，毫发倍见其精神。少许丹青，尽是匠心锦绣；若干曲折，却非依样葫芦。因翰苑之奇观，实文房之至宝。”吴发祥自己亦称：“我辈无趋今而畔古，亦不必是古而非今，我所有余，雕琢期返于朴，古所不足，神明总存乎人。”

吴发祥确是具有非凡的开拓精神，他对于饾版印刷术的发明作出了重要贡献。另外一位对“饾版”印刷的推广应用作出巨大贡献的，是明末的胡正言。

胡正言，字曰从，原籍徽州，寄居南京鸡笼山侧。因其家中庭院种竹十余株，所以将其居室名为“十竹斋”。他是明末一位大胆革新的艺术创作家，擅长篆刻、绘画、制墨等诸多技艺。他主持雕版印刷的《十竹斋书画谱》和《十竹斋笺谱》，成为印刷史上划时代的作品。

《十竹斋书画谱》大致在万历四十七年（1619 年）辑集镂版，天启七年（1627 年）刊成，比《萝轩变古笺谱》仅晚一年。全套书分书画谱、竹谱、梅谱、兰谱、石谱、果品谱、墨华谱八卷，每卷 20 幅图，合计共 160 幅图，对幅大版。所辑刻的作品既有胡氏自己创作的图画，也有当世名家如吴彬、倪瑛、魏之光、米万钟、文震亨，以及前代书学大师和画坛巨匠赵孟頫、唐寅、沈周、文徵明、陆治、陈道复等人的作品，是中国古代所刊最有价值的彩印本画谱。

为了刊成这部画谱，胡正言付出了许多辛劳，即使以呕心沥血形容之亦不为过。据程家珏《门外偶录》载，胡正言对刻工“不以工匠相称”，与他们“朝夕研讨，十年如一日”。由于饾版技术繁复，要求很高，分版、刻版、对版、着色、印刷来不得半点马虎，因此，在付印前他还要“亲加检校”，以保证刻印质量，所以印出来的成品实已达前所未有的化境。杨文耿在该谱的小引中说：“淡淡浓浓，篇篇神采；疏疏密密，幅幅乱真。”在《翎毛谱》的题词中又说：“其中皴染之法，乃著色之轻重浅深远近离合，无不呈妍曲致，穷巧极工，即当行作手观之，定以为写生妙品，不敢作刻画观。”他称赞《十竹斋书画谱》的刻印已达到绘画作品的效果。杨文耿还赞誉说：“胡曰从氏，巧心妙手，超越前代，以铁笔作颖生，以梨枣作素绢。”说明胡正言不仅擅绘事，亦善操刀笔，这也是《十竹斋书画谱》刻印精彩绝伦的重要保证。

《十竹斋书画谱》为饾版套印，未使用拱花技术，但在表现手法上较《萝轩

明代艺术家胡正言画像

胡正言《十竹斋笺谱》初集中拱花技术印制图案

胡正言《十竹斋画谱》八卷

变古笺谱》仍有一些突破。据《门外偶录》所记，十竹斋的“良工，十指皆工具也。指肉捺印有别指甲，指尖有别于拇指也。初版犹可见曰从指纹，岂不妙哉”。另外，运用了被荣宝斋艺匠称为“掸”的技巧，即在刷印过一次浅色颜料的版面上，再加一层较浓的颜色，故使画面深浅变化浓淡相宜，且不失天然韵味。《萝轩变古笺谱》少见用该法，再加上少有渲染、烘托的处理，二者在艺术效果上，是有着相当差异的。

《十竹斋笺谱》的刊刻，始于崇祯十七年(1644 年)，刊成时已是南明弘光元年。书分四卷，绘刻自“龙种”至“文佩”，共 33 类，180 余幅图。题材浩繁丰富，不但有花鸟树石、山水亭宇，而且包括大量的古人韵事嘉言，刻制兼采饾版和拱花，益显五彩缤纷，清芳秀雅。李克恭在《笺谱·叙言》中说：“饾版有三难：画需大雅又入时眸，为此中第一义；其次则镌忌剽轻，尤嫌痴纯，易夫本稿之神；又次，则印构成法，不悟心裁，恐损天然之韵。去此三疵，备乎众美，而后大巧出焉。”可见胡正言在印刷《十竹斋笺谱》时，对饾版套印的理解也更加深刻了。李于坚《小引》称：“一展卷而目艳心赏，信非天孙士襄手，曷克办此。”赞誉之辞，已到了无以复加的程度。从艺术观感而言，应该说《十竹斋笺谱》的成就是高于《十竹斋画谱》的，较之《萝轩变古笺谱》提高更多，堪称是中国古代彩色套印版画成就最高的作品。

此外，还有一残套以前较少见于书目著录的珍贵《西厢记》彩色版画，为明末大出版家闵家刻本。原刊本现藏德国科隆肯斯特博物馆，仅存 21 幅图，序、跋、正文、牌记等皆已缺失。21 幅图皆为彩色，在刻印中采用了笺谱、画谱已有的技法，构图造意更是匠心独运，不落俗套。据图版中有“庚辰秋日”墨色落款，一般认为其刊行于崇祯十三年(1640 年)，另因有“寓五笔授”刊署，顾炳鑫先生认为闵寓五就是该本刻工，也是绘图者，所以“吴兴从业书肆的有闵寓五者当是其人”。众所周知，吴兴最著名的套版印书家闵齐伋，字遇五，亦作寓五，故这个本子当为闵齐伋所刊。

寓五本《西厢记》色彩运用浓淡相宜，搭配自然和谐，就如顾炳鑫先生所言：“是艳而不俗，鲜而不火，显得典雅素洁。”从而在尺幅之内，把一曲闪烁着人性灵光的千古传颂的恋歌，用绘画的语言流畅而生动地表现出来。该本正文不存，当然是一个遗憾，但丝毫不影响作品的存世价值。

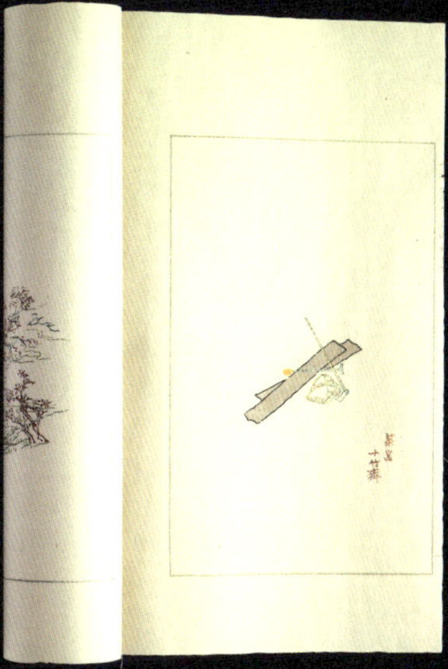

胡正言刊刻《十竹斋笺谱》

闵家刻本《西厢记》，现藏德国科隆肯斯特博物馆

第五节

织物印花

明代官方设有颜料局，掌管颜料。明代可用于染色的植物扩大到20多种，染料资源丰富，染色牢度远比矿物颜料好，因此在纺织品染色印花加工工艺中，逐渐取代了古老的矿物颜料。在技巧上，也由于纺织品产量的与日俱增，利用了药品褪去染色的方法，创造了拔染技术。由“防”变“拔”，生产效率成倍提高，直到现在该法仍被广泛使用。

明代的丝绸印花流传不多，但是我们能看到夹缬仍在使用。目前所知的夹缬基本上是五彩夹缬，著名的是故宫博物院整理书库时发现的一批用于包裹明代刻版经本的丝织包袱。里面有花卉蔬果五彩夹缬绢包袱、鱼戏莲五彩夹缬绢包袱、吉祥杂宝五彩夹缬绢包袱等。其中已经公开的一件花卉蔬果五彩夹缬绢，长55.5厘米，宽56厘米，绿地上面显香黄色、蓝色、橘黄色瓜，朱红色菊花，朱红色、橘黄色石榴，萝卜为白色、蓝色，茶花为朱红色、香色、绿色，茄子为茄紫色、蒂把为蓝色，桃花为香色、绿色、橘黄色。叶子多为蓝色，个别为绿色。鱼戏莲五彩夹缬绢包袱，长50厘米，宽55厘米，以白色素绫为本，未染地色，莲花为浅红色，莲花间有两条造型生动的金鱼作悠闲漫游状。用同样方法印制的晚明末的五彩夹缬在西藏保存极多，题材也非常丰富，如香港私人收藏的八宝纹夹缬，黄底色上以绿、蓝、红、浅褐等色与夹缬的白色相互搭配，设计出佛教吉祥法物八宝。其他还有瓜果、文字。

如下页图所示，这件明代夹缬花绢，出土于明万历皇帝和孝端、孝靖两皇后陵墓。纹样系当时流行的吉祥纹八宝，受模板加工工艺限制，纹样稚拙、可爱，有稍许晕染效果。为“三套色”复色夹缬，湖蓝绢底上印土黄纹样，本白边缘，对比中不失和谐，极具朴实美感。

宋代以前的染缬，主要指丝绸印花。棉布从明代以后才大量生产。明代棉布取代了麻布成为民间最为普及的衣料。因此印花技术也相应改革，以适应棉布印染的需要。隋唐开始盛行的彩色夹缬技术日渐式微，最终成为历史。型版工艺和印制技术逐步革新，制品花形更为复杂，套色繁多，型版制作更为精

明代吉祥纹八宝夹缬花绢，出土于明万历皇帝和孝端、孝靖两皇后陵墓

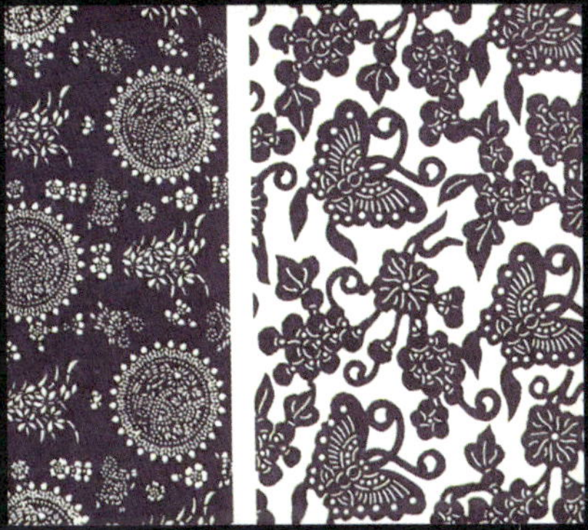

明代民间最为普及的蓝印花织物

明代绿地花果纹夹缬绸，故宫博物院藏

明代八宝纹夹缬，私人收藏

巧,成为明代棉布及丝绸布的主要印花技术。

我们常称的蓝印花布,就是从明代开始流行的一种印花织物。这种蓝印花布有蓝地白花和白地蓝花两种形式。蓝地白花布只需用一块花版印花,构成纹样的斑点互不连接,例如梅、兰、竹、菊。白地蓝花布的制作方法,常用两块花版套印,印第一遍的叫"花版",印第二遍的叫"盖版"。盖版的作用是把花版的连接点和需留白地之处遮盖起来,更清楚地衬托出蓝色花纹。另一种印制白地蓝花的方法,是以一块单独的印花版衬以网状物,花版的纹样无须每处连接,刻好后用胶和漆将花版粘牢在大面积的网状物衬底上,然后再刮印浆料。有的蓝印花布还是双面的,这就需要在正面刮浆干透后,利用拷贝桌在反面对准正面纹样再刮浆一次,这样染后就可得到双面的蓝印花布。

蓝印花布成为历代中国民间最为普及的印花织物。用这种古老的传统文化遗产制作的各类服装及各种工艺品,采用纯植物原料织布,再利用天然植物染料印花,不含对人体有害的化学成分,至今仍然深受人们的普遍喜爱。

第九章

清代的彩色印刷

清代，全国印刷规模不断扩大，并形成了从中央到地方、从作坊到私家的出版印书网，所印书籍的品种和数量都远远超过以往任何朝代。中国发明和发展的各种印刷技术，在清代都有使用，有些技术还有所改进和发展。特别是活字版印刷与雕版印刷相较，不但使用比例大大超过任何朝代，而且各种活字都有使用，木活字、铜活字、泥活字等都达到很高的技术水平。清代丝绸印花已较为少见，防染印花基本只是用于棉布。雕版彩色印刷不但更普及，而且印刷质量更精美。年画印刷发展成为一个规模很大的行业门类，印刷网点遍及全国很多地区，印刷产品进入千家万户，使印刷产品的普及率达到历史的最高水平。就传统的印刷技术应用而言，清代实际上达到了顶峰。

清代的印刷事业是独树一帜而且成绩斐然的。特别是康乾盛世，更是在雕版印刷技术基础上发展成为多种产品、多种工艺百花齐放的绚丽场景，写下了中国光辉灿烂的印刷历史中重要的篇章。

清代官方印书机构故宫武英殿，印书场景复原

清雍正十年至乾隆三年内府刻朱墨套印本《朱批谕旨》

第一节
套色印书

在明代套版印书风气的影响之下，清朝的套版印刷事业，继续有所发展。尤其在清代前期，宫廷内府应用套版，印制了不少质量较高的书籍。在宫廷套色印本中，本本色艳笺细，均胜前朝一筹。如康熙年间内府刻印的五色印本《御制唐宋文醇》、《御选唐诗》，毛奕清等撰著的《曲谱》，雍正十年至乾隆三年(1732—1738 年)刻印的朱墨两色《朱批谕旨》，色调精雅清晰、墨色光泽，印于洁白的纸张之上，读起来怡神悦目，效果极佳。乾隆年间内府套印本有《御选词谱》，《昭代萧韶》、《唐宋诗醇》、《劝善金科》、《西湖佳话》等，清丽醒目、刻印精美，均为殿版套印的代表作品。

武英殿是清代内府的刻书中心。所刻之书，大致分发至以下六个方面：一是专供皇帝阅览的呈览本，又称黄册或样本。一般为每种一部，是书中的极品；二是供内廷苑囿陈设用书，亦称陈设本，每种刷印 10~20 部不等，为书中精品；三是用作颁赏用书，亦称颁赏本；一般每种刷印 60~150 部左右；四是颁发各省督抚学政作为样书，也可令其照式翻刻颁发通行；五是招募书商乡绅等人自备纸墨、工费，用原有书版和各省翻刻的书版，重印流通或依式翻刻售卖；六是售卖流通。

武英殿刻书在顺治时期采用开化榜纸和白棉纸；康雍乾时期用纸多为开化纸，有少量用罗纹纸、玉版宣纸、上等太史连纸、连史纸、粉连纸；嘉庆后多用开化榜纸、粉连纸、棉连纸、竹纸、宣纸。

武英殿印刷用墨，基本上黑墨选用上等松烟徽墨。红墨采用植物颜料红花、银朱(人工制成的赤色硫化汞)，黄色以雄黄，蓝色则以靛蓝为主来精心调配。

我们通过对《劝善金科》的了解，便能见到清宫内府套色书籍的全貌了。《劝善金科》，20 卷，首 1 卷，未著撰者，清乾隆年武英殿刻五色套印本。半页 8 行，行 21 字，抬头至 22 字，无界，白口，单鱼尾，四周双边。版框高 20.5 厘米、宽 14.8 厘米。线装 10 册。该内府改编本与民间演出本的旨趣不同，意在谈忠

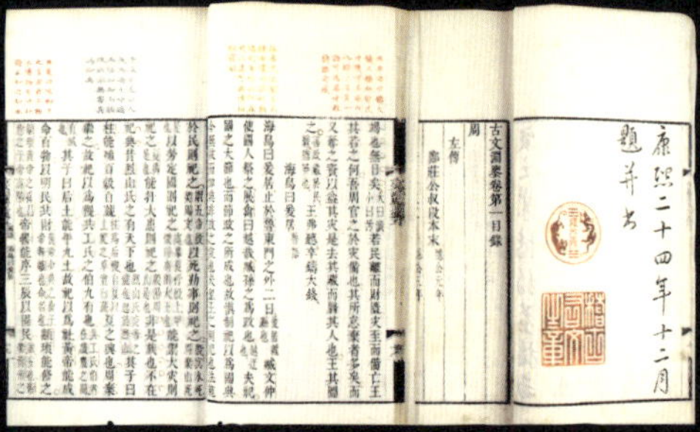

康熙二十四年内府刻《古文渊鉴》，四色套印本，开化纸印刷，清代评语用红色，前代评语用黄蓝二色

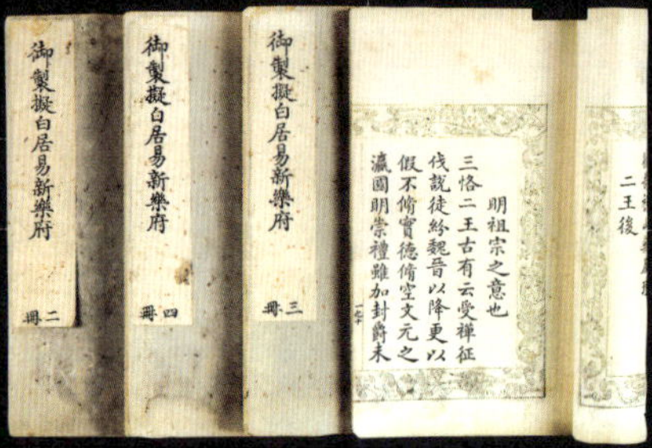

清乾隆间内府刻套印本《御制拟白居易新乐府》，其书用绿色印番莲纹框栏，极为精致

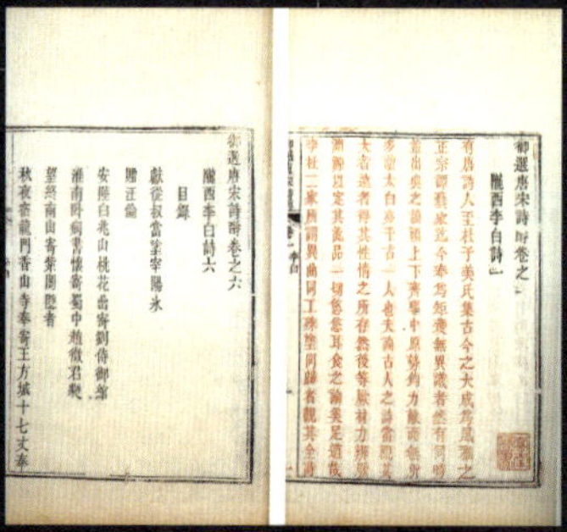

乾隆间内府朱墨套印本《唐宋诗醇卷》

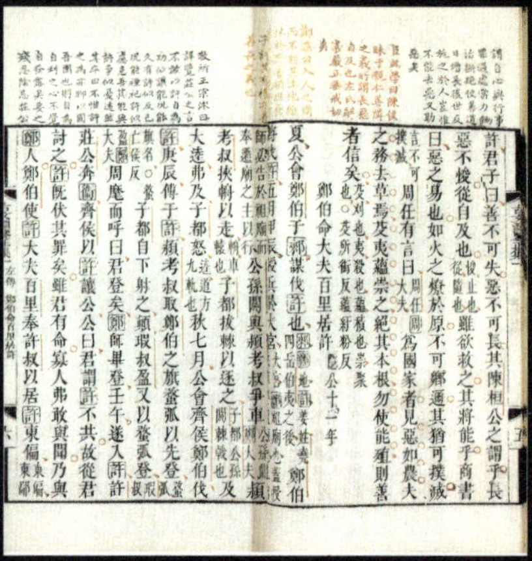

康熙四十九年武英殿四色套印本《古文渊鉴》

说孝，惩戒人心。全书以红、蓝、绿、黄、黑五色套印而成。戏目采用单行大绿字，宫调用双行小绿字，曲牌名用单行大黄字，科文与服色以小红字旁写，曲文用单行大黑字，韵白则以小黑字旁写，曲文中每句、每读、每韵、每叠、每格等皆以小蓝字旁注以区别，南腔、北调则各以小红圈一一圈出。与同期出现的殿版套印本相比，该书套色数量最多，故印刷难度最大。套色位置准确，印制精良，各色纯正匀净，清晰悦目，既有提示、助读的作用，又美化了版面，兼具艺术欣赏性，是清前期彩色套印技术的杰作。

康雍时期，内府用铜活字排印成 64 部《古今图书集成》。其中的铜活字印本《御制数理精蕴》是康熙朝用铜活字摆印书中较有特点的一种。该书中的朱色句读是套印而成，而且书中的几何图形为木板雕印。这是一部集活字、套印、版刻为一体的珍贵古籍。还有乾隆五十五年(1790 年)武英殿聚珍版排印的彭元瑞《万寿衢歌乐章》，小注旁注明宫商角徵羽，均用朱色。为聚珍版丛书中极为珍贵的彩色套印实验印品。

在民间，清代没有出现闵、凌两家那样著名的套版印书家。由于套印技术比较复杂，成本亦高，较小的私人、坊家不易承受，因此民间的套印本书籍逐渐减少，发展不大。

尽管民间套色书籍刻印相对减少，但其中也还是不乏精品。比较著名的有苏州长洲叶氏于乾隆三十七年(1772 年)套印的海录轩刻印《文选》。道光十四年(1834 年)逐州卢坤用紫、蓝、朱、绿、黄和黑六色套印的《杜工部集》二十五卷，色彩斑斓，刻印俱精，可算是套印本中颜色最多者。广州艺芳斋、翰墨园等书坊刻印了不少套印书籍。翰墨园于同治年间刻印了三色《苏诗》，光绪二年(1876 年)，也采用六色套印出版了《杜工部诗集》。同年，还套色印刷了《文选》、《昌黎诗注》等精美的彩色书籍。安徽刻印的《御制织耕图诗》墨、绿两版套印，很有特色。此外，还有同治七年(1868 年)江西套印的《古文渊鉴》、《江西全省舆地图》，杭州浙江书局于同治十年(1871 年)套印的《御批历代通辑览》，五色套印的《洗冤录》，苏州经锄堂于道光年间套印的《临证指南医案》。武昌崇文书局有五色套印的《文章轨范》，刻印于光绪元年(1875 年)，还有汉口森宝斋朱墨套印的《东周列国志》等。

清中期四色活字套印本《陶渊明集八卷卷首一卷附录一卷》，四册，白纸。

清乾隆内府五色套印本《劝善金科》

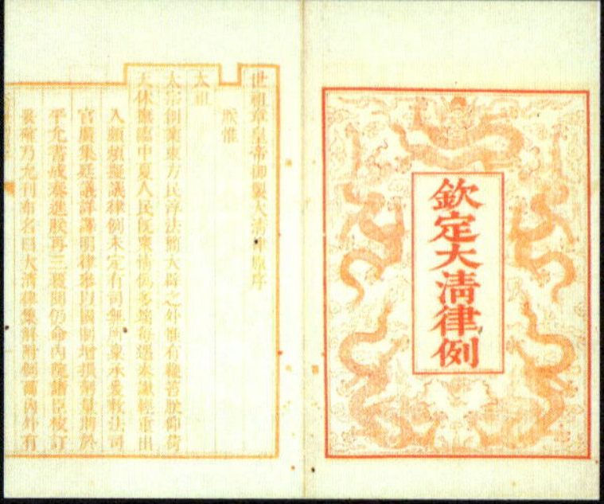

清乾隆六年(1741年)武英殿刻本《钦定大清律例》

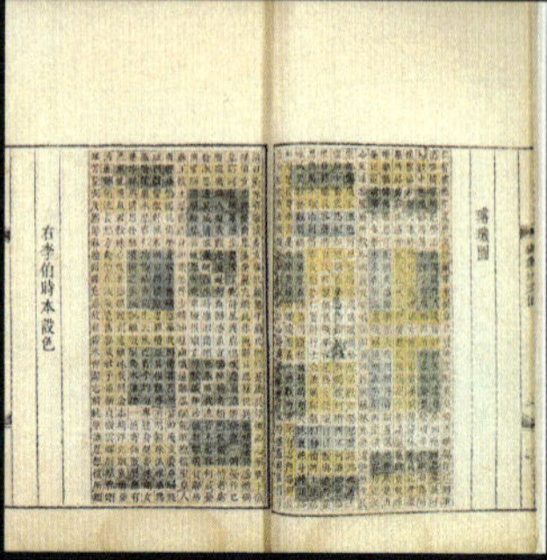

康熙朝麟玉堂刊本《织锦回文图》

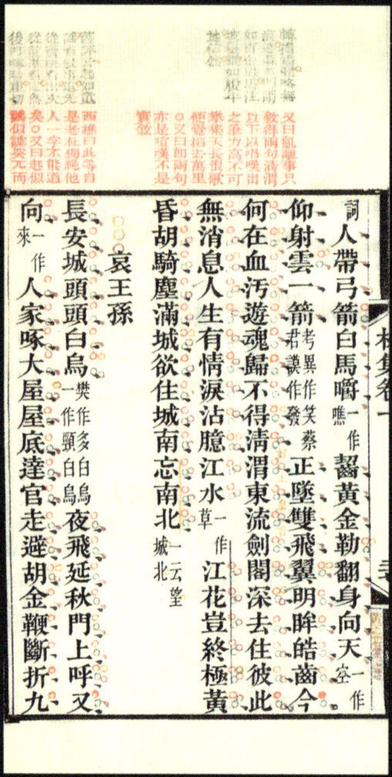

道光十四年六色套印《杜工部集》,中国人民大学图书馆藏

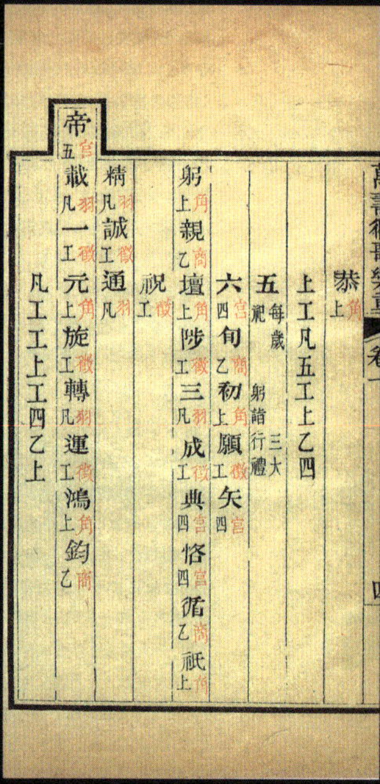

内府朱墨活字套印本《万寿衢歌乐章》,私人收藏

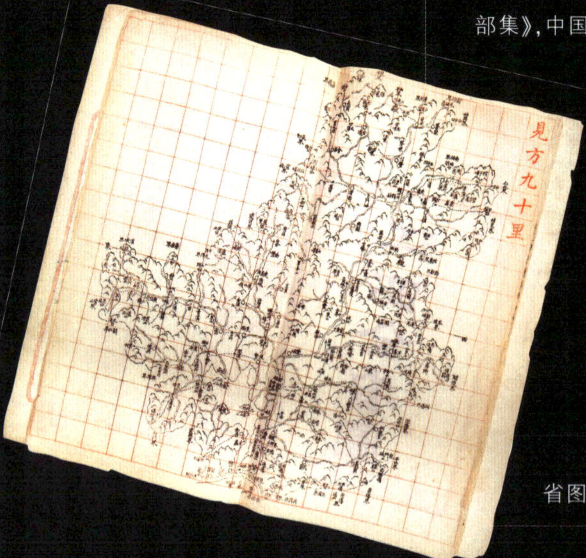

同治七年刻朱墨套印本《江西全省图》,是清代最详备的省级地图集

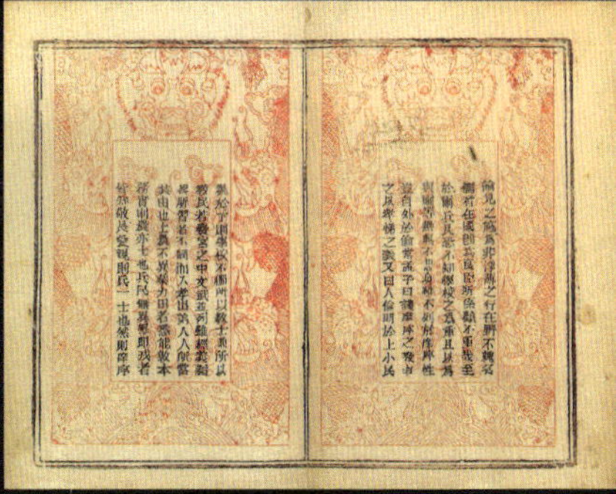

清末朱墨活字套印本《龙章宠赐》，该本以朱色印龙蝠图案活字套印

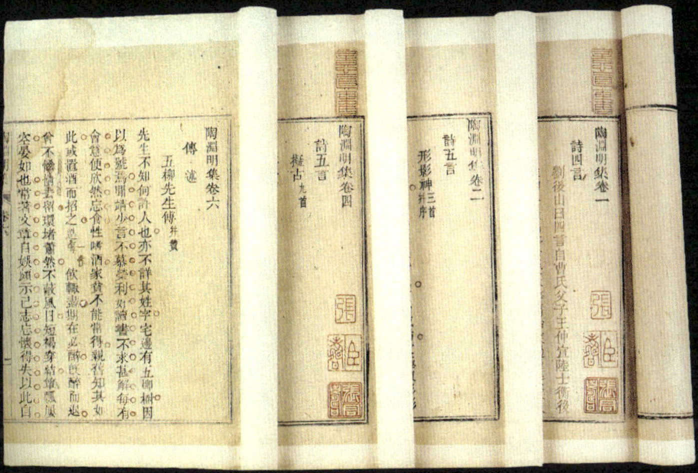

清中期以后民间四色活字套印本。四周双边与鱼尾均蓝色，正文墨色，卷首总论等均朱色，名读亦朱色，评语大字与小字注绿色

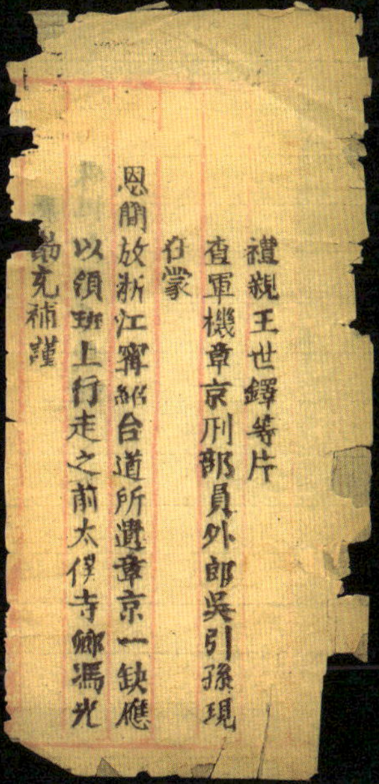

清光绪十二年（1886年）朱墨套印活字版《京报》

该书卷首一卷，为四库提要、传记、总论；正文八卷；卷末一卷，为诔文、序录等。张秀民先生于《中国印刷史》中称：该本“当为乾隆以后民间印本”。印本四周双边与鱼尾均蓝色，正文墨色、卷首总论等均朱色，句读亦朱色，评语大字与小注绿色。由朱、墨、蓝、绿四色搭配，用白纸，灿然悦目。该书既是活字印品，又是四色套印，极为精美，十分珍贵。

由于时间距今较近，清代套印本虽然不多，但尚有流传。

套版印书终究比单版印书成本高，清代晚期，国运不兴，导致官私套版印书趋向衰落，印书减少，质量也明显低于清初。

第二节

彩印版画

清以前，传统版画植根于民间，在长期的发展中，形成了众多具有地域特点的版画流派。到了清代，由于清帝的垂青，宫廷版画异军突起，与民间各版画流派并驾齐驱，呈现出绝无仅有的历史现象。

一、宫廷版画

在清代宫廷早期的版画中，康熙三十五年（1696 年）刊行的《御制耕织图诗》是为世人所重视、影响较大的作品，是描绘农村耕田、织布情景的版画集。《耕织图》最早出现于南宋，其绘者为楼璹。康熙二十八年（1689 年），焦秉贞奉诏绘制《御制耕织图》46 幅，每图加御制七言绝句。初印于康熙三十五年（1696 年），刻工为当时最著名的技师朱圭、梅裕凤。《御制耕织图》尽管是钦定殿本，仍不失为很有现实意义的版画作品，也是宫廷版画中影响较大的印品，为宫廷版画的发展起到了示范作用。自康熙三十五年本后，《御制耕织图》出现了多种版本，木刻本、绘本、石刻本、墨本、石印本均行于世。

清康熙五十一年（1712 年），画家沈喻根据圣祖玄烨所撰诗意绘画，由朱圭、梅裕凤镌刻的内府朱墨套印版画《御制避暑山庄诗》印成。该书绘刻避暑山庄三十六景，各诗题之下有小记，诗句有注释，注释之引文出处用朱线标出，并有朱色句读。绘刻、套印精致。

清《御制耕织图诗》，彩色木刻本

康熙年间内府绘刻本，朱墨套印《御制避暑山庄诗》，注释的引文出处用朱线标出，并有朱色句读

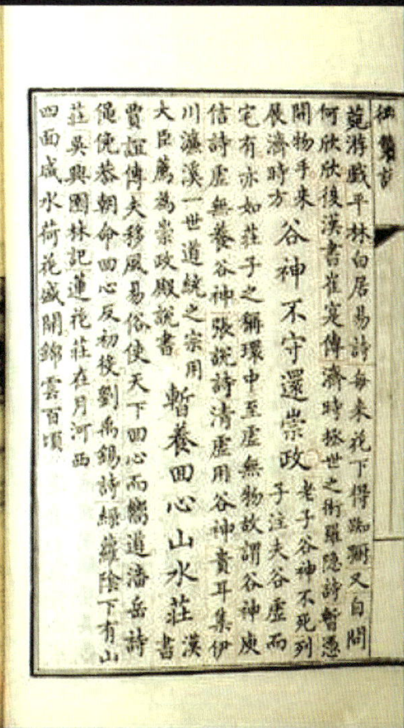

御製詩

苑游戲平林白居易詩每來花下得踟蹰又白閒
何欣欣後漢書崔寔傳濟時拯世之術羅隱詩曾憑
開物手來展濟時方
谷神不守還崇政
老子谷神不死列子注夫谷虛而
宅有詠如莊子之樞環中至虛無物故謂谷神庾
信詩虛無養谷神張說詩清虛用谷神賁耳集伊
川瀛溪一世道統之宗用
大臣薦為崇政殿說書
暫養回心山水莊
漢書
賈誼傳夫移風易俗使天下回心而嚮道潘岳詩
俛俛恭朝命回心反初役劉禹錫詩緑蘿陰下有山
莊吳興園林記蓮花莊在月河西
四面咸水荷花盛開錦雲百頃

《御制圆明园四十景诗图》为清乾隆十年(1745 年)武英殿朱墨套印本,版框纵 19.8 厘米、横 13.4 厘米。该本中每一处圆明园景色印一幅图,图前有乾隆帝题诗一首,诗前并附小序。绘刻谨严精工。

清嘉庆后宫廷版画制作逐渐衰落，可见者仅光绪二十一年 (1895 年)刊《养正图解》,二十二年(1896 年)刊《钦定元王恽承华事略补图》两种。《养正图解》据明万历间丁云鹏绘图,黄德奇刻本翻雕,绘镌还属上乘,也可称是宫廷版画特点留存的最后一部作品。《钦定元王恽承华事略补图》虽为木刻版画,但其风格已失。光绪时期石印版画盛行,主导着版画的发展趋势,文人雅士也趋于风尚,木刻版画虽刻意体现石印版画的风格,有使人耳目一新之感,但已失去市场。光绪三十一年(1905 年)由内府出资,总理各国事务衙门印行《钦定书经图说》,绘图 570 幅。该书已易木刻为石印。

二、民间版画

清代初期,不仅是官方,民间对版画的刻印也十分热衷。其中,有很多是由著名画家提供画稿底本,由镌刻名匠雕版印刷,两方面的优势结合,刻印了一批保持较高水平的版画印刷品。如顺治年间刻印的《张深之正北西厢秘本》,就是结合了名画家陈洪绶绘画的六幅插图,由武林(杭州)名匠项南洲镌刻的优秀代表作品。陈氏绘画的《水浒叶子》40 幅、《博古叶子》48 幅,也是极为罕见的清初版画传世精品。此外,顺治二年(1645 年),擅长山水、人物绘画的著名画家萧云从绘画的《离骚图》,顺治五年(1648 年)萧云从绘画,由旌德名匠刘荣、汤义、汤尚等人镌刻的《太平山水图画》,刊印极精,被誉为历史上的不朽之作。康熙年间,河南祥符人,工书法、擅画人物山水的画家刘源绘画,吴门柱笏堂刻印,吴中著名工匠朱圭镌刻的《凌烟阁功臣图》,图绘唐代开国功臣长孙无忌等 24 人像,最后附有观音、关羽等绘像共 30 幅人物图像,镌刻纤丽工致,为清代人物绘刻艺术的代表作品之一。康熙五十三年(1714 年),由吴璁绘画,休宁刘功臣镌刻的《白岳凝烟》,绘图 40 幅,镌刻精雅,为清代墨范的典型作品。康熙五十九年(1720 年)丰溪吕世镛怀永堂刻《第六才子书西厢记》,由程致远绘画,郑子猷镌刻,也属于精雅作品之列。

清代民间彩色版画印刷最负盛名的代表作品为《芥子园画传》。该书刻印

乾隆五十五年内府朱印本《满文大藏经》木雕板

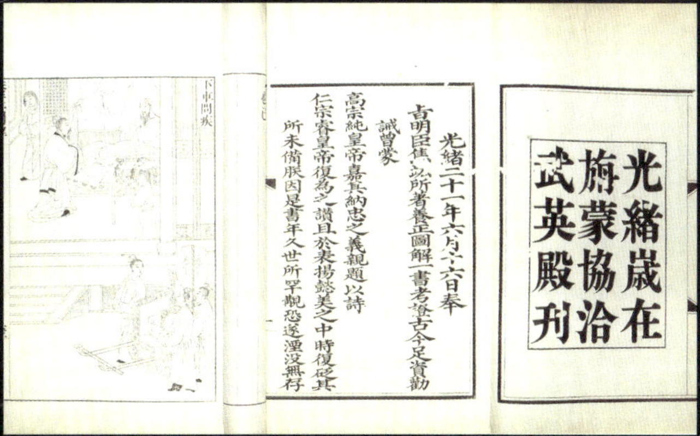

光緒歲在
旃蒙協洽
武英殿刊

光緒二十一年六月二十六日奉
旨明臣焦竑所著養正圖解一書考證古今足資勸
誡曾蒙
高宗純皇帝嘉其納忠之義親題以詩
仁宗睿皇帝復為之讃且於表揚懿美之中時寓從其
所未備朕因是書年久世所罕覯恐遂湮沒無存

光绪二十一年(1895年)武英殿刊本《养正图解》

于康熙十八年(1679年),其印刷工艺继承了明代饾版水印技术。《芥子园画传》中的133幅图画,是由著名文学家李渔的女婿沈因伯邀请王安节、王宓草、王司直三位画家在明末画家李长蘅绘画的基础上补绘完成的。该书以李渔在金陵的别墅"芥子园"之名,题为《芥子园画传》,全书共有四集,每集再分若干卷。

《芥子园画传》在绘、刻、印三方面都非常考究,因而所取得的成就也格外引人注目。就绘画来说,王氏昆仲皆当时名家,尤其王安节"以其诗文之余,旁及绘事,水石人物花草羽毛之属,动笔辄有意外之味"。从其传世的作品中可以看到,他能于一幅画中互用披麻、斧劈等多种皴法,干笔湿笔无不精当,可见其功力是非常深厚的。加上他们都极其严谨持重,所以他们的绘画在当时就大为世人所称赏。

《芥子园画传》就刻版、刷印而言,更为精美。所有的工匠均经过精心的挑选,"博访善手,十有八年,始得其人"。但是以水墨绘写出来的图画毕竟不同于经刀刻、印刷出来的版画:"画中渲染精微,全在轻清淡远,得其神妙。可以笔临于纸者,自不可刀镌于版;可以刀镌于版者,自不能必其渲染之轻清淡远于纸。"为了弥补镌刻的不足,充分再现原作的神韵,王氏昆仲亲自参与刻印的工作,反复探索印刷技术,"以致一幅之色,分别先后凡数十版,有积至逾尺者。一板之工,分别轻重凡数十次,有印之移时者"。正因为刻印时非常精心严格,所以刊行出来的版画几与图绘无异,诚如沈因伯所说:"每一图出,不但嗜好者见之击节称赏,即善画者见之,莫不啧啧许可。"同《十竹斋书画谱》相比,《芥子园画传》在色彩的丰富、变化等方面,似乎要略胜一筹。

《芥子园画传》刊行之后,深为人们所喜爱,以致广为流传,刊本甚多。该书对传播民族绘画技法,曾产生过积极的作用。直到今天,《芥子园画传》在美术教育方面仍具有极高的参考价值。《芥子园画传》是继《十竹斋画谱》之后的又一部彩色套版印刷艺术珍品,代表了清代彩印版画的高峰,对后世产生了很深的影响。

其他彩印版画代表作还有康熙十二年(1673年)金陵王衙刊行的《西湖佳话》,为五色套版印刷本画谱,有西湖景图十幅,极为精美。《天下有山堂墨竹兰石谱》,汪之元绘编,分兰、竹二谱,以蓝、黑两色套印,刊于雍正十二年(1734

康熙十八年彩色套印本《芥子园画传》纸本蝴蝶装

乾隆朝苏州版画全本《西厢记》，丁卯年（1747年）新镌，仿泰西笔意

康熙十八年李渔刻套印《芥子园画传》

年）。嘉庆时期文学类插图版画有《三图诗》，内容为纪念三图吟咏之作，绘鹿车、观碑、老渔三幅插图，尽管全是用黑墨印刷，却采用了两块深浅不同的印版套印而成，浓淡相宜，颇有风致。可惜印数不多，传世极稀。还有道光二十八年印本《金鱼图谱》，画着 56 种不同的金鱼，大肚突目，体态生动，每一种印上它们的本来颜色，每页四周有浅绿色松、竹、梅花边图案。《浙东镇海得胜全图》也为彩色套印。光绪七年上海印《第一才子书三国演义》，每卷首插图着色，这是木刻套印配合新法铅印的例子。

三、笺纸版画

笺纸版画，即诗笺或信笺上的雕印版画，开始为诗笺，后来发展为信笺。笺纸历史悠久，唐代女诗人薛涛善制松花笺纸，人称“薛涛笺”。元代书画家赵松雪、鲜于枢也自己作观音笺、清江笺；费著曾作《蜀笺谱》。由于雕刻印刷精美的宣纸印花笺形式多样，色泽古雅，版画与墨迹书法自然结合，颇有意趣，所以深为文人喜爱。

笺纸版画的真正发展是在明代。李克恭在《十竹斋笺谱序言》中说：“昭代自嘉隆以前，笺制朴拙。至万历中年，稍尚鲜华，然未盛也。至中晚而称盛矣，历天、崇而愈盛矣。”天启年间胡正言的《十竹斋笺谱》和崇祯时吴发祥的《萝轩变古笺谱》不仅是笺纸版画的代表作，也是版画史上的不朽之作。

到了清代，笺纸印刷达到鼎盛，除传统的花笺外，不少文人雅士喜自制书斋馆名专用笺，康熙、乾隆等帝王爱好书法，宫廷用笺纸或描金，或木刻水印，或织锦，描龙绘凤，富丽堂皇。文学家李渔还自制角花笺，赵之谦制梅花笺，吴昌硕制桃花笺，沙山春制竹林七贤图案笺，五彩缤纷，古朴典雅，耐人寻味。乾隆的儿子成亲王自备永惺笺纸，秀丽精致。嘉、道以后，笺纸渐趋衰落，所见多是临古复制之作，同治、光绪时，尤其零落。

光绪末年，笺纸版画突然风行一时，遂成复兴之势。光绪末年，北京画师李重豫、刘锡玲、朱良村、王振声等经常为坊间肆房作笺，图画多因附会世俗口味而失去笺纸版画特有的雅致韵味。宣统时期，林琴南先生取玉田梦窗词意，制为山水笺，情趣盎然，标志着清末文人为笺纸作画的开始。天津张兆祥（和庵）绘《百花诗笺谱》历时 6 年，于宣统辛亥年（1911 年）完成。图皆折枝花

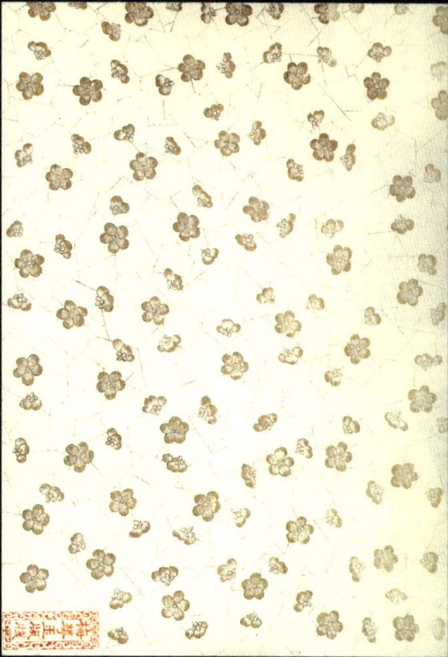

清中期梅花玉版笺

卉，清妍工致。清末北京刻印笺纸版画的纸店则有懿文斋、松古斋、秀文斋、宝文斋、宝晋斋、万宝斋、松华斋、荣禄堂、翰宝斋、翰雅斋、彝宝斋、清秘阁等。

晚清的这些诗笺，种类极为繁多。有白纸地、色纸地；有单色版、复色版；有横版格式、竖版格式；有的花纹在中心，有的花纹在纸的四周；还有的使用了拱花技法。因为笺纸用于写字，故笺画不宜用浓重的黑色和复杂的颜色，因而多用银红、鹅黄、浅绿、浅黄，淡雅清丽。若以内容作区分，又有人物笺、花鸟笺、花卉笺、蔬果笺、草虫笺、山水笺等。人物笺又有罗汉笺、古佛笺、仕女笺、高士笺以及思古人笺，金石笺中又有彝器笺、古玉笺、唐画壁砖笺等，花卉笺中又有专门刻制的四君子笺和梅花笺等。

四、彩印地图

南宋杨甲所编的《六经图》中的《十五国风地理之图》，是现今所藏最早的雕版印刷地图。自宋代雕版印刷地图以后，明代也雕版刊刻了 6 次地图。清康熙三十九年（1700 年）首次以黑、黄、绿三色套印的地图，出自于《河防一览纂要》一书中。

明代的朱墨两色套印地图《今古舆地图》是现今能见到的最早的彩印地图。清代的保存最早的朱墨两色套印的雕版地图实物，是光绪五年（1879 年）东湖饶氏开雕的由杨守敬等编纂的《历代舆地沿革险要图》，该图 66 幅，加地球图 1 幅，共 67 幅，开本为 279 毫米×410 毫米，版心尺寸为 210 毫米×310 毫米，线装本。该图刊行后，上海、湖北、四川等地都加以翻印，翻印中注意了刻工的美观，忽略了实地精度，出现差错。光绪三十二年至宣统三年（1906—1911 年），该图又重加校订，总图部分增至 71 幅，按朝代分成 34 册，仍用朱墨双色套印。杨守敬于清末还编绘和刊印了以水系为主的历史地理图《水经注图》，该图共 40 卷，分装 4 册，线装，开本为 21.5 厘米×33 厘米，也采用“古墨今朱”双色套印的方法。

雕版套印地图的工艺要比单色雕版地图印刷的技术困难得多。先要在编纂好的原稿上覆上一张极薄的白纸，在白纸上先描绘好图框，再按原稿上的同一色的线条、符号、文字进行描绘，用几色套印则描绘几张。朱墨套印则一张为黑版稿，一张为红版稿，两稿均以图框套合为准。经校正无误后，将描绘的分版稿分别反贴于备用的雕刻木板上。粘贴时要尽量减少纸张变形，故糨糊是刷在木板上的，待干燥后，由刻工照样雕刻。地图雕刻较一般书籍雕刻困难，因线条细而多，同时文字较一般书籍中的文字小，不像书籍中有个别错误可以进行嵌补。印刷时先印一色，印第二色时以第一色的框线为准来进行套合。

现在观察朱墨双色套印地图会发现，套合还是有较大的差异。产生这种情况的原因有两方面：一是描绘的红、黑两版稿纸贴到木板上时，因纸张受潮产生不均匀的变形；二是在套印时手工作业，虽有工具将纸夹在工作台上作为规矩，但图框仍不易对准，遂有朱墨两色图框不能全部重合，或两色图框大小不一的现象出现。

中国地图印刷除采用木版雕刻印刷外，康熙五十七年到五十八年（1718—1719 年），由实测资料编绘的《皇舆全览图》采用了雕刻铜凹版印刷，但该项工作是由西方传教士完成的。乾隆三十五年（1770 年）根据《皇舆全览图》增补编成的《乾隆十三排地图》，也用铜版印刷，当时的印本现已不存，故宫博物院存有该图铜版 104 块，在 1931 年将该铜版重新印行，称为《乾隆内府地图》，分上下两册线装。

平版石印发明之后，也用于印刷地图。1921 年在沈阳故宫博物院发现清初地图，采用石印出版，题为《清内府一统舆地秘图》，共 41 幅。我国第一家民办地图出版社——亚新地学社成立于光绪二十四年（1898 年），就经常用石印法印制地图。

武汉大学藏有一份珍贵的石印《皇朝直省地舆全图》，刊于光绪三十年（1904 年），图上有佘山天文台主办蔡尚质写的前言，由上海徐家汇土山湾出版，鸿宝斋代印。全图由 6 幅 46~57 厘米彩图拼成，用黑、红、黄、蓝四色印刷，线划要素均用黑色表示，水域用蓝网线印刷，政区用红、黄、蓝实地分别叠印而成。该图拼贴后是一幅挂图，但它却又裁切成横 6 幅、竖 5 幅。每幅宽度不等，自右向左稍有缩小，近似现 16 开大小，再将 30 幅依次裱糊在一块纱布上，每幅之间留有 5 毫米的空隙，用于折叠，形成摊开是一幅挂图，折叠成一本图集，尺寸为 190 毫米×275 毫米。该图每幅宽度大小不等，也是为了折叠而专门设计的。折叠后在上排右一幅和下排右二幅的背面，各用硬纸裱绢做成封面

和封底，封面上正中贴有“皇朝直省地舆全图”八个字的图名签条。这份彩色石印地图装帧形式精致特别，印制水平较高。

第三节
木版年画

年画是中国古老的民间艺术，因在农历新年时张贴，所以称作年画。印刷术发明之后，年画由绘画逐渐发展为雕版印刷。木版年画的印刷自明代开始繁荣兴盛，至明末已经出现了专门从事印刷年画的民间作坊。到清代，年画的印刷已在全国发展起来，流行于整个中国。南方北方，家家户户都形成了过年张贴年画的习俗，故而年画成为中国古代发行量最大的印刷品之一。

年画与普通版画不同，它有自己的特点。木版年画主要供应于年节时贴，起装饰之用。由于其影响广泛，因而成为印刷史学中一个专门的研究门类。其基本艺术特色，表现为喜庆、欢乐、吉祥，画面追求火红、热闹、活泼，线条单纯，色彩鲜明、热烈。它的内容题材非常广泛，如仕女、花鸟、风景、娃娃、社会风俗人情、历史、文学、故事等，主要反映出人们对于生活美满、多子多福、丰收有余的向往，同时宣传敬老爱幼、家庭和睦、勤俭节约等传统道德风尚，并且常以吉祥图案形式表现题材，深受广大群众的喜爱。它对于美化环境，丰富文化生活，以及推动木版水印传统工艺的发展，都起到了不可估量的作用。

因为各地的风俗爱好不同，木版年画逐渐形成了几个区域性的年画生产基地。

一、杨柳青

杨柳青年画为中国著名的民间木版年画，是中国北方流传最广、影响最大的一种民间木刻画，因产于天津西南杨柳青而得名。杨柳青年画约起始于明崇祯年间，清雍正、乾隆时期逐渐繁荣。每年农历十月至年末，各地客商云集，将这里印刷的年画贩运到各地销售。在杨柳青附近百里以内，很多村子的农民都将年画印刷作为家庭副业。

杨柳青年画的制作方法为“半印半画”，即先用木版雕出画面线纹，然后

清代年画套色木雕版，绿色印版

清代年画套色木雕版，红色印版

清代苏州桃花坞木版年画

清代年画套色木雕版，黑色印版

山东杨家埠年画《年年有余》

清代天津杨柳青年画《母子嬉戏》，采用刻印和彩绘相结合的手段印制

清乾隆朝天津杨柳青年画《渔归》

用墨印在纸上，套过两三次单色版后，再以彩笔填绘。它把版画的刀法版味与绘画的笔触色调巧妙地融为一体，使两种艺术相得益彰，构成与一般绘画和其他年画不同的艺术特色。由于彩绘艺人的表现手法不同，同样一幅杨柳青年画坯子（未经彩绘处理的墨线或套版的半成品），可以分别画成精描细绘的“细活”和豪放粗犷的“粗活”，从而形成迥然不同的艺术风格，各具独自的艺术价值。

杨柳青木版年画是一种富于民间独特艺术风格和强烈地方特色的木版印绘结合的艺术珍品。

二、杨家埠

杨家埠位于山东潍坊。杨家埠木版年画历史悠久，始于明朝末年，繁荣于清代，迄今已有400多年的历史。杨家埠木版年画是中国民间艺术宝库中的一朵奇葩，以浓郁的乡土气息和淳朴鲜明的艺术风格而驰名中外。

清代杨家埠“画店百家，年画千种，画版数万”，是当时全国三大画市之一，年画的题材空前扩展，祈福迎祥、消灾除祸的神像画更加齐全完备。年画的形式分为大门画、屋门画、炕头画等类别。清中期时画店纷开，仅西杨家埠由杨氏一家开设的店铺就有82家。

杨家埠年画的印制方法简便，工艺精湛，别具特色。杨家埠木版年画分勾描、刻版、印刷三道工序。艺人首先用柳枝木炭条、香灰作画，名为“朽稿”；在朽稿基础上再完成正稿，描出线稿，反贴在梨木版上供雕刻，分别雕出线版和色版。再经过调色、夹纸、兑版、处理跑色等，手工印刷。刷印工艺也在不断进步，初期为小案子坐印，后改为大案子站印。年画印出来后，还要再手工补点上各种颜色进行简单描绘，以使年画显得自然生动。

三、桃花坞

桃花坞木版年画盛于清代雍正、乾隆年间，江苏苏州桃花坞是中国南方最大的年画生产基地之一。桃花坞年画主要采用套版印刷，也兼用着色，以红、黄、蓝、绿、黑为基本色调。由于直接受到胡正言“饾版”技术和清初《芥子园画传》的影响，其印刷年画在构图、雕版、印刷等方面都达到较高的水平。年

画多以南方风景名胜、民俗风情为主要题材，如《姑苏万年桥》、《玄妙观庙会》、《杭州西湖》等都是桃花坞年画的代表作品。

桃花坞木版年画制作一般分为画稿、刻版、印刷、装裱和开相五道工序，其中刻版工序又分上样、刻版、敲底和修改四部分，其主要工具为“拳刀”，同时以弯凿(剔空)、扁凿、韭菜边、针凿、修根凿、扦凿、水钵、铁尺、小棕帚等工具配合使用。套色印刷亦有一套程序，主要包括看版、冲色配胶、选纸上料(夹纸)、摸版、扦纸、印刷、夹水等步骤。

桃花坞木版年画的形式主要有门画、中堂、条屏，主要表现吉祥喜庆、民俗生活、戏文故事、花鸟蔬果和驱鬼辟邪等民间传统审美内容，民间画坛称之为“姑苏版”。《寿星图》是目前发现的最早的桃花坞木版年画，收录在日本的《支那古版画图录》中，画面上刻有“万历二十五年(1597 年)”的刊记。

乾隆时苏州的丁亮先、丁应宗用饾版印刷了许多花鸟画，雕刻精细，并采用拱花技术，印在白色的纸上，色彩绚丽，是套色印刷中不可多得的精品，法国国立图书馆、英国大英博物馆和瑞典冯德宝先生有不少收藏。从法国所藏档案文献可知，丁亮先是天主教徒，生活在乾隆中叶，与在苏州传教的欧洲传教士多有来往，他不仅自己印刷，还从事洋画的交易，他的作品很可能通过传教士和外国人销到欧洲。乾隆时苏州一带还有人仿照西洋的透视法制作年画和其他文学题材的印刷品，现仍有一些保存在欧洲和日本的博物馆。

四、绵竹

四川省绵竹县是清代全国年画的主要产地之一。乾隆、嘉庆年间，绵竹有大小年画作坊 300 余家，年画专业人员逾千人，年产年画 1200 多万张，其产品还远销印度、日本、越南、缅甸等国家和中国港澳等地区。绵竹年画从题材上分红货、黑货两大类。红货指彩绘年画，包括门画、斗方、画条。其中画条分中堂、条屏、横推、单条等，供厅堂、居室、走廊及牲畜圈等处张贴之用；门画有大毛、二毛、三毛等大小之分，贴大门、厅门、房门、灶门之用。黑货，是指以烟墨或朱砂拓印的木版拓片，多为山水、花鸟、神像及名人字画，该类以中堂、条屏居多。

绵竹年画和中国其他地方年画一样，首先是要刻成线版，但是线版在绵

乾隆时苏州丁亮先制作的饾版印刷花鸟画，私人收藏

乾隆时苏州丁亮先制作的饾版印刷花鸟画，私人收藏

清代绵竹年画《财神》

竹年画中只起轮廓作用，全靠人工彩绘，并不套色制作。制作程式和特色全在于手工施彩和勾线，按民间艺匠通称有以下几种：明展明挂：为绘工精细富丽的一种；勾金：笔蘸金粉或银粉勾出图案；花金：是彩绘后的再加工，用木制花型戳子，拓上金或银色花纹，现所见花戳子约 30 多种，分服饰花、帽花、衣角花、袖口花；印金：印过墨线和彩绘后，再用原印版复印一遍胶水（脸手除外），然后撒上金粉或银粉，扫净余粉后即显出金线或银线；水墨：讲究笔墨烘染和淡雅的色调；常形：力求设色单纯；拣水脚：即寥寥几笔大写意，是绵竹年画的特色绘法。

绵竹年画在用纸、用笔、用色上也别具一格。传统绵竹年画一般都用当代特产粉笺纸和鸳鸯笔（特制扁笔，一边蘸水，一边蘸色），颜色多用矿物色和民间染料加胶矾调制而成，风吹日晒经久不变。主色有佛青、桃红、猩红、草绿，其次是金黄、天蓝等，产生鲜艳明快、对比和谐的艺术效果。

五、其他地区

木版年画发展到清中后期，几乎遍及全国各地。除了上述四个地区外，著名的年画产地还有：

河南朱仙镇，其木版年画以套版印刷为主。特点是印刷时采用一种透明的水色，印出的年画版面略显木纹。朱仙镇木版年画以线条粗犷奔放、形象古朴生动、色彩浑厚强烈的鲜明特色，在全国诸多年画流派中独树一帜。

河北武强，其木版年画具有浓郁的乡土气息和地方特色。武强年画以阳刻为主，兼施阴刻，运用黑白对比的手法，发挥出木刻刀韵的效果。在着色上，以大红大绿为主，色彩强烈、鲜明，风格独特。

山西晋南，其木版年画继承金代平阳地区发展的雕版印刷传统，保持独特风格，多为整版墨印之后再行着色。陕西关中与汉中，所印木版年画，古朴简练，内容红火，色彩浓烈。

此外，还有广东佛山，福建泉州，湖南邵阳，湖北汉阳，内蒙古包头，云南大理、丽江和台湾的台南等地以及一些少数民族地区，木版年画也颇具特色。

2006 年 5 月 20 日，国务院批准文化部确定的第一批国家级非物质文化遗产名录中包括了以下这 12 个地区的木版年画：杨柳青、武强、桃花坞、漳

清代河北武强年画

清代河南朱仙镇木版年画《观音送子》

州、杨家埠、高密、朱仙镇、滩头、佛山、梁平、绵竹、凤翔。

第四节
票证印刷

一、纸币印刷

清代末年，政府经济困难，国库空虚，为筹措军需费用，不得不一改长达200年不印发纸币的初衷，于咸丰三年（1853年）印制了清王朝建立以来的首种纸币户部官票。该次发行的户部官票，以银两为单位。咸丰八年（1858年），清政府又印发了以铜钱为单位的大清宝钞。当时宝钞与官票合称钞票，"钞票"一词由此而来。

清代印刷的户部官票和大清宝钞，多为木版或铜版印刷，与宋、元、明时相仿。票面呈竖方形，尺幅较大，虽为二色或三色套印，但版面设计单调，印刷技术并不复杂，民间多能仿制。当时的官府既要防止民间伪造，又无技术措施，只好在票面上加盖官府印鉴，用以保证信誉和增强可靠性，还完全是停留在中国印钞史早期、简单的仿伪措施阶段。此外，政府还制定了维护钞票信誉的法律，通过对伪造者和揭发报官者进行惩罚与奖励的法律条款，来防止和制裁伪造者，以保证钞票的流通和信誉。

光绪三十二年（1906年），户部（后改称度支部）派员赴日本考察纸币印刷技术，并于当年3月向朝廷呈交了关于建立官方印刷局的奏折。1907年，清政府批准了户部的奏议，户部即着手户部印刷局的筹建工作。鉴于当时世界上的印钞业以美国钞票公司所采用的钢版雕刻凹印技术处于领先地位，故清政府又派员赴美国考察，确定以美国美京国立印刷局的规模和水平，建设中国的官方印刷局。当时的雕刻凹版技术有两种：一种是铜凹版技术，一种是钢凹版技术。两者相比，钢凹版的质地坚实、版纹细密，层次分明，印版耐印，印出的产品线条清晰，墨层厚实，对人头像和风景画的表现力有着尤为独特的效果，而且不易仿造，具有良好的防伪功能。

印刷局选址在北京宣武门外白纸坊，占地24万多平方米，于1908年6月

大清銀行兑換券
$5
伍元
憑券即付銀幣伍圓全國通用

清代兑换券

户部官票
咸豐叁年拾月十三日
準二兩平足色銀
拾兩
户部奏行官票凡願將官票兑換銀錢者與銀一律並准按部定章程搭交官項偽造者依律治罪不貸

1日动工兴建。除印刷钞票外，清政府还将邮传部的邮票印刷划归印刷局印制。为掌握钢凹版雕刻技术，清政府不惜重金，从美国聘请了雕刻师海趣等5位技师到印刷局传授钢凹版雕刻制版技术。海趣来到印刷局之后，于1910年8月完成大清银行兑换券的刻制，并印出样张，于1911年3月1日正式开印。这标志着中国的印钞技术已提高到一个新的水平，为此，印刷局将1911年3月1日定为钞票印刷纪念日。

除政府印发的户部官票和大清宝钞之外，清末官营银钱行号和私营银钱店也在印发钞票。其中私营银钱店又有钱庄、钱铺、钱店、银号等多种称谓，是一种地方性的金融行业，其业务主要是兑换银钱和印发钱票银票，起着配合制钱和纹银发挥支付手段的作用。私人钱庄印发的银钱票，印刷质量更为简单粗糙，票面金额数字多为手写，缺乏必要的防伪措施，使得当时的币制更加混乱。

二、邮票印刷

1878年8月15日，清政府海关首次发行中国第一套邮票——大龙邮票。这套邮票共3枚，主图是清皇室的象征——蟠龙，发行量总计约100万枚。大龙邮票的发行史、制版过程和版式等，长期以来都是集邮研究的重要课题。大龙邮票由上海海关造册处印制。全套共有3种面值，1分银为绿色，3分银为红色，5分银为黄色，刷色有深浅暗亮等差异，采用凸铜版印刷，有背胶，齿孔12.5度。先后分三期印制、发行(后由于铜模损坏，没有再印大龙邮票)。

薄纸大龙：1878—1882年印制，为第一期大龙邮票。纸质韧薄，略透明，图框间距约2.5毫米，后期全张为25(5×5)枚，但3分银全张为20(5×4)枚，该期印量最多。

阔边大龙：1882年印制，为第二期大龙邮票。图框间距约4.5~5.0毫米，纸张比较复杂，有的脆薄而易裂损。因纸张尺寸关系，3分银全张改为15(5×3)枚。除3分银外，另外两种印量较少。5分银新票存世尤少，为名贵品，俗称黄5分，全张新票为孤品，原由美国集邮家施塔收藏，曾被中华邮票会誉为“西半球最罕贵之华邮”，1991年由香港林文琰购藏。

厚纸大龙：1883—1885年印制，为第三期大龙邮票。纸质厚而不透明，图

清大龙邮票

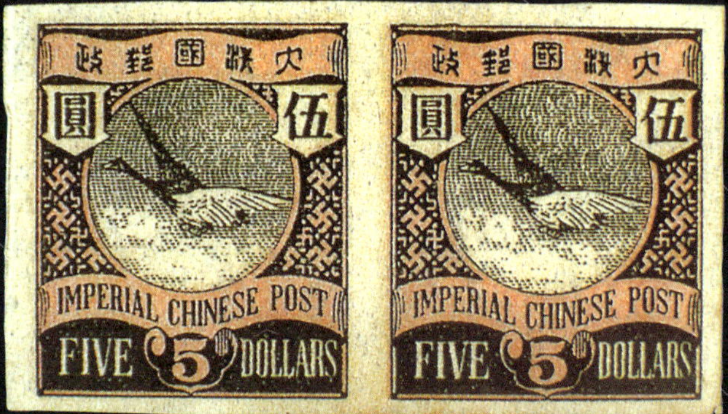

1897年石印蟠龙邮票，
无齿 5 元横双连

框间距 2.5~3.25 毫米，因子模磨损和纸张尺寸关系，全张都改为 20(4×5 或 5×4)枚。因打孔机的缘故，打出来的齿孔有光齿和毛齿两种，光齿的称“厚纸光齿大龙”，邮票齿孔周边带有纤维毛的称“厚纸毛齿大龙”。

从 1878 年发行第一套邮票——大龙邮票起至 1911 年辛亥革命止，清政府先后以“大清邮政局”、“大清国邮政局”、“大清国邮政”和“大清邮政”等铭记，共印刷发行普通邮票、纪念邮票、欠资邮票、快信邮票以及加盖改值邮票、限西藏贴用邮票共计 31 套 175 枚。

由于清代末年的半殖民地半封建社会性质，它的邮政和邮票事务，不论海关试办还是大清邮政官局，实际上一直由把持中国海关的一批外国人所策划、操办和经营。但清代邮票在设计风格上还是力求体现中国文化的特色，制版印刷方面认真精细，质量较高。多套邮票采用雕刻以至双色套印技术，使用特制的水印纸印刷，均有效地防止了邮票的伪造仿制。同时，有些洋员利用职权之便，在监印和加盖改值邮票时故意制造了一系列人为的错异变体，如所谓“红印花八宝”、万寿票的“四复八倒”和日本石印蟠龙五角异色票等。

第五节

石版彩印技术

1796 年，出生于布拉格的逊纳费尔德发明了石版印刷术。它是根据石材吸墨及油水不相容的原理发明的，其基本印制程序是：先将文稿平铺在石版上，上面涂上脂肪性的药墨，使原稿在石版上显印出来，然后涂上含酸性的胶液，使字画以外的石质略为酸化后再开始印刷。因酸化的石材受水拒墨而无色，未酸化的部分拒水着墨而显色，这样便将字画按原样印在空白纸页上。

这种早期的石印术，叫做绘石技术，只能用来印刷简单的线条图文印件，是石版印刷发明初期应用的工艺技术。这项技术由西方传教士于 19 世纪 20 年代带入中国，开始在中国印刷布道小册子或其他简单印品。现知最早用石版印刷的中文书籍，是麦都思于 1829 年石印的《东西史记和合》；现存最早的石印书刊，则是清道光十八年(1838 年)9 月和 10 月两期《各国消息》。《各国消息》是英国传教士麦都思在广州主编、出版的中文月刊，只出了数期，用连史纸石印。现仅存二册，藏于英国伦敦。1874 年（同治十三年），上海徐家汇天主教堂附设的土山湾印书馆始设石印印刷部，印制教会宣传品。

石版印刷具有成本低、速度快、效果好的特点，石印术适用于连史纸、竹纸、油光纸、罗纹纸等。后来，采用影印技术还能根据需要随意缩放印品版面。因此，这项技术传到中国后很快风行于世。19 世纪末到 20 世纪初，是石版印刷最辉煌的时期。清廷的武英殿、总理衙门也以石印技术印行了一些书籍(如《钦定书经图说》)。1876 年，创设申报馆的英国人 E·美查在上海开办了点石斋石印局，开始石印图书和期刊，出版了《考正字汇》、《康熙字典》、《佩文韵府》、《点石斋画报》、《飞影阁画报》等。随后中国人徐裕子、徐润等于 1881 年先后开设了同文书局和拜石山房，专印古书，如《二十四史》、《古今图书集成》、《康熙字典》、《佩文斋书画谱》等。李盛铎创办的蜚英馆、凌陛卿开设的鸿文书局等许多石印书局也相继出现。

清末印刷术的一大特点，是开始采用机械印刷。上海徐家汇土山湾印刷所曾于光绪初年开始使用木质石印机。这种木质石印机，靠人力扳转，劳动强度大。随后又出现了铁制手摇石印机，再后是英商 E·美查开办的点石斋印书局曾使用过的轮转石印机。轮转石印机仍用人力手工摇动，因劳动强度大，每机需 8 人，分作两班，轮流摇机。1 人续纸，2 人接纸，效率很低，每小时只能印数百张。光绪中叶，始改用自来火引擎替代人力的石印机，印刷速度稍有加快。相比之下，比较先进的是用电力驱动的圆压平式电动石版印刷机。圆压平式电动石版印刷机用电力带动版台做平面运动，在圆筒形压印滚筒下通过，完成印刷过程，印速可达每小时 1000 张。

光绪十年（1884 年），著名画家吴友如绘制《春江胜景图》，卷上绘有点石斋石印工场实景，并缀以诗云：“古时经文皆勒石，孟蜀始以木板易；兹乃翻新更出奇，又从石上创新格：不用切磋与琢磨，不用雕镂与刻画，赤文青简顷刻成，神工鬼斧泯无迹。机轧轧，石粼粼，搜罗简策付贞珉。点石成金何足算，将以嘉惠百千万亿之后人。”反映出当时石印之盛和人们对石印的赞美。从图上看，工场里的石印机有两种，其中大者为圆压平式轮转平台石印机，小者为平压平式。二者皆由人力摇动。

绘石制版起初特指单色石印制版，单色石印制版后来发展为彩色石印，

早期手动石印机

清光绪十年上海点石斋石印厂，吴友如画

手绘彩色石印版

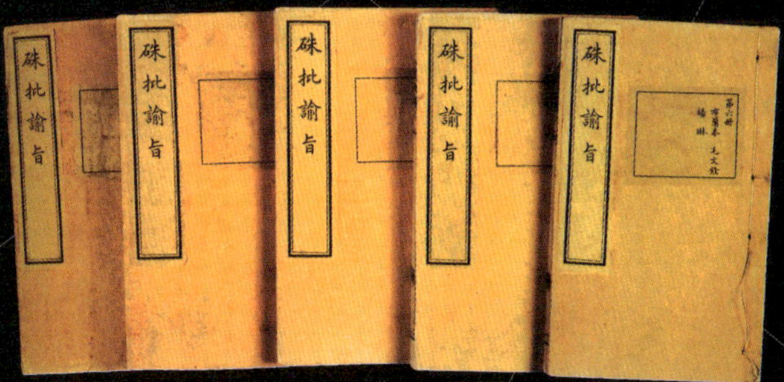

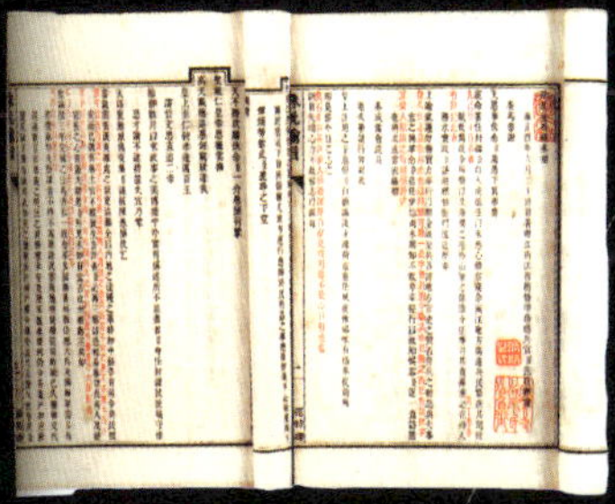

清光绪十二年(1886年)点石斋朱墨石印本《朱批谕旨》。该书为清内府委托点石斋影印雍正年间内府刻印本，堪称点石斋众多石印作品中的代表作

彩色制版工艺称为落石制版。落石制版工艺复杂，是在绘石制版基础上发展而成的工艺技术，分彩绘落石和照相落石两种。其中照相彩色石印术至1931年才传入中国。因此，清代的彩色石印技术仅限于彩绘落石。

彩绘石印是以石板为版材，按彩色原稿设色、分版，套版印刷的工艺技术。其工艺流程是：彩色原稿，描刻轮廓，填红粉，落石，分色描绘，翻制印版，版面处理、印刷。具体做法是：先将玻璃纸（或称胶纸）覆于彩色原稿之上，用尖钢笔依图描刻；然后在描刻过的玻璃纸的针缝中填入红色砥粉；再将填入红色砥粉的玻璃纸反覆于石面上，加压，使红粉落于石上；接着按照原稿的轮廓和色度进行分色、分石描绘；将描绘过的各色石版翻制成印版；最后逐版依次套印，印成彩色图画。

彩绘石印的制版工艺完全凭制版人员的眼力和经验进行点绘分色，因此技术水平要求高，工艺复杂。其传入中国的时间较之单色绘石石印晚了半个多世纪。用石印方法印刷彩色图画以外国人在中国开办的鸿文堂五彩书局为最早，该局专印彩色钱票，经理是邬金亭。此后中国人魏允文、魏天生于1882年创设中西五彩书局，专印彩色图画。富文阁、藻文书局及后来的彩文书局、崇文书局等，也经营彩印。俞复、廉泉等创办的文明书局，于1904年开设彩色石印部，印刷彩色课本、图画和地图，色彩鲜艳。中国图书公司也出版了彩色石印地图、教学挂图等。至光绪三十一年（1905年），商务印书馆更是聘日本彩色石印技师和田满太郎、细川玄三、冈野、松冈、叶田、武松、村田及丰室等来华从事彩印。至此，手工彩色石印已臻完美，仿印山水花卉人物等古画，其设色几乎与原稿无异。

第十章

近现代彩印技术

中国的近代印刷技术，是以西方传入技术为主的，是中国古代传统印刷技术的继承和发展。公元 13 世纪起，中国的雕版印刷和木活字印刷先后传播到欧洲。1450 年前后，德国人谷登堡首创了铅合金活字，他发明的木质印刷机，开创了印刷业机械化的时代。

1815 年，第一本铅活字《英华字典》在澳门印成，开始了印刷术西法东渐的进程。随着铅印技术的传入，西方的其他印刷技术也相继传入中国。

1949 年，中华人民共和国诞生。新中国成立 60 年来，特别是改革开放 30 年来，各个领域都发生了翻天覆地的变化，取得了举世瞩目的成就，人民生活不断改善，国际地位日益提高，迎来了中华民族伟大的复兴。

繁荣稳定的社会环境，也为中国印刷工业的发展带来了无限的生机，印刷领域发生了革命性的变化，告别了“铅与火”，迎来了“光与电”，进入了数字化、网络化的时代。

现代印刷术彩色技术已成为普遍而核心的印刷技术，并且种类繁多。一般根据印版的特征分为五种印刷方式:凸版印刷、平版印刷、凹版印刷、丝网印刷和数码印刷。

第一节
凸版彩印

凸版印刷术，是用图文部分高于空白部分的凸版进行印刷的工艺技术。中国发明并沿用1000多年的传统印刷术中的雕版印刷和活字印刷,都属于凸版印刷的范畴。近现代印刷术中讲的凸版印刷术,专指由西方传入中国的近代印刷术中的凸版印刷术。西方传入中国的近代凸版印刷术,按其传入时间先后,有铅活字版印刷、以铅活字版为母版的泥版翻铸铅版印刷、纸型翻铸铅版印刷和照相铜锌版印刷。其中,以铅活字版直接印刷影响最深、使用最广。然而,任何一项新技术的发明应用都将被更新更先进的技术所取代,这是历史发展的必然规律。铅印技术也是一样,它于20世纪80年代被淘汰,同雕版印刷、泥活字印刷术一样载入了历史。

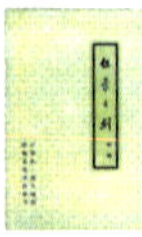

现代凸版彩印技术应用最多,前景最广的便是柔版印刷技术。柔版印刷起源于20世纪初的德国。由于版材质地差而且必须使用有毒的苯胺染料制成的油墨,因而发展缓慢,到了20世纪50年代也只能印刷粗糙的纸板。到了20世纪90年代,高弹性、高分辨率的柔性版材研制成功,水性油墨取代了有毒的苯胺油墨,不仅使得柔性版印刷的图像质量有了很大的提高,而且工业生产更加符合生态要求,柔性版印刷得到了迅猛的发展。

现代柔性版印刷机油墨转移的原理非常简单。低黏度、高流动性的油墨从墨槽传递到网纹辊上,网纹辊表面刻有许多细小的凹槽,以吸附油墨,多余的油墨则用刮墨刀刮除。留在网纹辊凹槽中的油墨,转移到柔性的图像区域,在轻压力的作用下,印版上的油墨便转移到承印材料上了。

在发达国家中,柔版印刷不仅用于包装装潢印刷,而且用于商业和报纸印刷,美国就有20%的报纸是用柔版机印刷的。这是由柔性版本身的特长和优势所决定的。它的特点一是墨层厚实,墨色一致。柔印的墨层虽薄于凹印,但绝对厚于胶印,这对于印刷包装产品常见的大面积色块非常有利。二是广泛

柔性印版

德国人谷登堡于 1450 年前后印刷的《四十二行圣经》

上海激光雕刻制版中心雕制橡胶印版

采用无毒的水性油墨印刷。柔印水墨是目前所有印刷方式中唯一经美国食品药品协会认可的无毒油墨。因而，柔版印刷又被人们称之为绿色印刷，被广泛用于食品和药品包装。三是适印介质广泛。柔版印刷机可印刷各类纸张，并且还可以印刷铝箔、塑料薄膜、不干胶纸、不干胶膜、玻璃纸、金属箔及纺织品，适印介质的种类多于凹印方式。

柔版印刷机一般为多色印刷机，最少 6 色，一般 10 色，最多有 12 色，可进行紫外和红外上光。近年来，感光树脂版的性能不断提高，也更加稳定，大大提高了印版的分辨率和网点再现性（可达 1%~95%）；电子制版、激光雕版、数字化制版等现代高技术的应用，使柔印实现高水平彩色套印成为可能；激光雕刻网纹辊技术使雕刻线数达到 1000 线/英寸（2.54 厘米）的高精度，这样已经可以使输墨量得到精确控制，并可以印刷 300 线/英寸的彩色层次稿，其印品质量已接近平版胶印水平。目前，柔印已成为主流印刷方式之一。

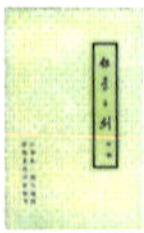

第二节
凹版彩印

凹版印刷，是用图文部分低于空白部分的印版进行印刷的工艺技术，早期的铜质凹版用手工雕刻而成。雕刻铜版印刷，中国古已有之，只是中国古代大多雕刻凸印版，因为在手工操作条件下，凹版印刷难度较大。

西方近代凹版印刷传入中国的时间大约在 18 世纪初。当时意大利传教士、画家兼雕刻师马国贤在清廷任职，颇受康熙皇帝恩宠，因其学过雕刻铜版术，故康熙命其在宫廷镌刻铜版画。1713 年前后，他成功地刻印了《热河三十六景图》。此后，马国贤共镌刻中国地图 44 幅。

1460 年，意大利人菲尼格拉发明雕刻金属凹版印刷法。现代英语中的凹版印刷 Intaglio，就是源自意大利语中的“雕刻”一词。直到 19 世纪初，欧洲才开始用雕刻凹版印制名画，通常价格昂贵。西方近代雕刻凹版传入中国，初期分南北两大派系。南方为意大利派，经由日本传入中国；北方则为美国派，于光绪三十四年（1908 年）北京度支部印刷局初建时所引进。

20 世纪 70 年代以前，凹版印刷中使用的凹版有手工和机械雕刻凹版、照

该图为 20 世纪 80 年代
四色铜版凸印印刷品

雕刻凹印滚筒

相凹版两种。20 世纪 80 年代中期，出现了用电子雕刻机加工而成的电子雕刻凹版。20 世纪 90 年代以后，计算机直接制版技术率先应用于凹版制版，从数字化印前系统直接向雕刻机输入数据流，自动完成凹版滚筒的雕刻，大大提高了凹版的制版速度和印版质量。

凹版印刷由于印刷部分下凹，其印刷墨层比平版印刷厚实，印版上印刷部分下凹的深浅随原稿色彩浓淡不同而变化，因此凹版印刷是常规印刷中唯一可用油墨层厚薄表示色彩浓淡的印刷方式。凹版印刷所印图像色彩丰富，色调浓厚，适合做精美高档画册。凹版的承印物材料非常广泛，可以印刷玻璃纸、塑料等非纸基印刷物。但是由于凹版制版困难，制版周期长，成本也较高。

随着科学技术的发展，目前国内外凹版印刷的范围越来越大，适合多种材料的印刷。例如，彩色包装箱的印刷，采用凹版预印生产的纸箱比传统方式生产的纸箱质量好、强度高、成本低，并向多色、高速、自动化(套准自动控制和张力控制等)、联机化(将凹版印刷的后续工艺与印刷连续进行)等方向发展。

第三节 丝网彩印

丝网印刷是将丝织物、合成纤维织物或金属丝网绷在网框上，采用手工刻漆膜或光化学制版的方法制作丝网印版。早在中国的秦汉时期，就出现了夹缬印花方法。到东汉时期，夹缬、蜡染方法已经普遍流行，而且印制产品的水平也有所提高。至隋代大业年间，人们开始用绷有绢网的框子进行印花，使夹缬印花工艺发展为丝网印花。

现代丝网印刷的发展起源于美国。丝网印刷的第一次尝试是由美国密歇根州底特律的弗朗希斯·威利特完成的，他在毛布三角旗上进行了丝网印刷。一般认为，丝网印刷的先驱是哈瑞·莱瑞·海特和爱德华·欧文斯。他们在 20 世纪初期(1901—1906 年)已经开始将丝网技术应用于商业领域。

现代丝网印刷技术是利用感光材料，通过照相制版的方法制作丝网印版

1994年邮电部邮票印制局凹版印制邮票

国产电脑套色高速凹版印刷机

(丝网印版上图文部分的丝网孔为通孔,而非图文部分的丝网孔被堵住)。印刷时通过刮板的挤压,使油墨通过图文部分的网孔转移到承印物上,形成与原稿一样的图文。丝网印刷具有以下几个特点:

丝网印刷应用的范围非常广泛。除水和空气以外 (包括其他液体和气体),任何一种物体都可以作为承印物。有人评价丝网印刷时曾这样说过:如果你想在地球上找到理想的印刷方式,达到印刷的目的,那很可能就是丝网印刷法。

墨层厚实,立体感强,质感丰富。胶印和凸印的墨层厚度一般为 5 微米,凹印为 12 微米左右,柔版(苯胺)印刷的墨层厚度为 10 微米,而丝网印刷的墨层厚度远远超过了上述墨层的厚度,一般可达 30 微米左右。专门用于印制电路板的厚丝网印刷,墨层厚度可至 1000 微米。用发泡油墨印制盲文点字,发泡后墨层厚度可达 300 微米。丝网印刷墨层厚,印刷品质感丰富,立体感强,这是其他印刷方法不能相比的。

耐光性强,色泽鲜艳。由于丝网印刷具有漏印的特点,所以它可以使用各种油墨及涂料,不仅可以使用浆料、黏接剂及各种颜料,也可以使用颗粒较粗的颜料。

除此之外,丝网印刷油墨调配方法简便。例如,可以将耐光颜料直接放入油墨中调配,使得丝网印刷产品有着耐光性强的极大优势,更适合于在室外作广告、标牌之用。

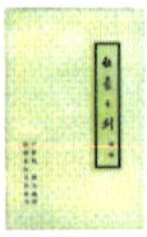

第四节
彩色胶印

胶印技术是当代主流的印刷技术。在当代,许多印刷技术的创新与发明都是基于胶印的基础之上。书籍、报纸、杂志、传单及画册大多采用胶印的方式印制,以至于普通大众提到彩印技术时都会想到胶印术。胶印技术是一种平版印刷技术, 德国的卡斯帕尔·赫尔曼于 1906 年在德国制成了第一台胶印机,以锌版为版材,印版的图文部分先转印到包着橡皮布的滚筒上,然后再由橡皮布将图文墨迹转印到纸张上。这项技术第一次摆脱了纸张必须与印版直

丝网印制艺术品《秦兵印象》，创新立体浮雕技术，获得 2006 年 SGIA 国际网印及制像协会纺织类金像奖金奖

商务印书馆 1925 年彩色胶印印制《新学制国语教科书》

纪念香港回归彩色丝绸报纸

各种丝网成品印版

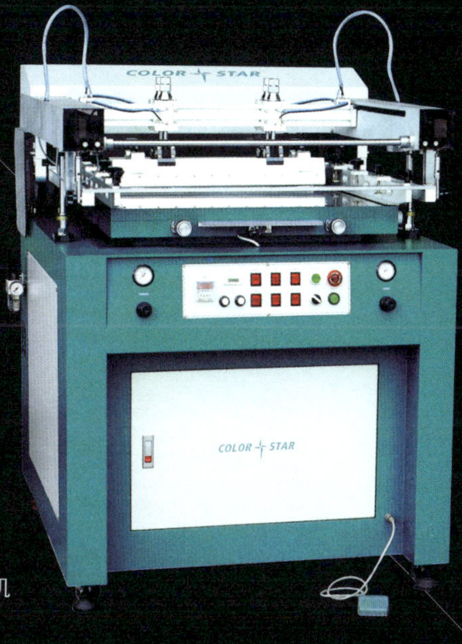

平面丝网精密印刷机

接接触的印刷方法，产生了间接印刷法，使平版印刷技术得到了革命性的发展。

任何彩色复制系统，均需要完成颜色的“分解”和“合成”两个阶段。分解就是指印刷技术中的将彩色原稿分色，并分别制成印版的过程。合成则是通过不同的印版将不同的色墨混合在纸张或其他承印物上的过程，因此分色制版技术是彩色印品区别于单色印刷的核心。试想一幅彩色画稿或是照片，其画面上的颜色和色调几乎是无限的，要把无限的颜色用有限的黄、品、青、黑四种颜色的油墨印刷出来，就必须对原稿进行分色。在印刷专业课程中有一门专门的《色彩学》，详细讲述色光的三原色和色光加色法以及色料减色法。

胶印技术的发展历程代表了现代彩色印刷技术的发展情况。事实上，印刷机的使用和机械化、自动化程度的提高，是现代印刷技术不断发展的动力和源泉。印刷机械的发展，是工业化程度的标志，而彩色技术发展的关键，是制版技术的进步。每一次胶印制版技术的改革和创新，都标志着现代彩印技术的新变革，并能够推广应用于其他凹印、凸印、网印技术中。通常，我们将现代彩色技术的发展进程分为手工制版、照相制版、电子分色制版和激光照排制版四个阶段。

第五节
王选和激光照排技术

1974 年 8 月，周恩来总理批准将电子工业部、机械工业部、中国科学院、新华社、国家出版局联合上报的《关于研制汉字信息处理系统工程的请示报告》列入 1975 年国家科学技术发展规划，并成立了“748 工程”领导小组。“748 工程”分三个子项目：汉字通信、汉字情报检索和汉字精密照排。“748 工程”加速了汉字数字化、信息化、智能化的进程，启动了中国印刷技术的第二次革命，从此，中国的印刷技术走向了计算机与激光时代。

1975 年北京大学承接了“748 工程”的汉字精密照排项目。1976 年北京大学王选教授做出越过当时国际流行的第二代、第三代照排机，直接研制第四代激光照排系统的大胆决策。同年 12 月，王选写出了《748 工程汉字精密照排

北京人民机器厂于 1986 年制造的第一台四色胶印机

照相制版分色胶版印刷品《苏加诺藏画集》，北京美术印刷厂印制，1959 年获莱比锡国际书籍展览金质奖

《梅兰芳藏戏曲史料图画集》，2003 年美国印制大奖——Benny Award 金奖、2003 年德国莱比锡"世界最美的书"金奖、第十四届"香港印刷大奖"书刊印刷冠军

国家最高科学技术奖

证　书

王　选　荣获国家最高科学技术奖，特颁发此证书。

中华人民共和国主席　江泽民

2002 年 2 月 1 日

证书号：2001-ZG-01

王选荣获 2001 年度国家最高科学技术奖

系统方案说明》,此后他设计的激光照排控制器(后称为栅格图像处理器,英文简称 RIP)成为汉字激光照排系统的核心。

王选出生于上海,1958 年毕业于北京大学。历任北京大学计算机研究所讲师、副教授、教授、博士生导师、副所长、所长,文字信息处理国家重点实验室主任,1991 年当选中国科学院学部委员,1994 年当选中国工程院院士。

作为汉字激光照排系统的创始人和技术负责人,王选是一个少有的能把创新技术与市场需求完美地结合在一起的有市场头脑的科学家。1975 年,王选开始主持中国计算机激光汉字照排系统和以后的电子出版系统的研究开发。王选在做了大量的调查研究后,决定跳过当时流行的光学机械式二代照排机、阴极射线管式三代照排机,开创性地研制当时国外尚无商品的第四代激光照排系统。针对汉字印刷的特点和难点,王选发明了高分辨率字形的高倍率信息压缩技术(压缩倍率达到 500:1)和高速复原方法,率先设计出提高字形复原速度的专用芯片,在世界上首次使用控制信息(参数)描述笔画的宽度、拐角形状等特征,以保证字形变小和放大后的笔画匀称和宽度一致。王选获得了一项欧洲专利和八项中国专利。这些成果的产业化和应用,取代了中国沿用上百年的铅字印刷,推动了整个中文印刷出版业的发展。

1980 年,汉字激光照排系统排出了第一本汉字图书的样书——《伍豪之剑》。1981 年,王选主持研制的中国第一台计算机激光汉字照排系统原理性样机(华光Ⅰ型)通过部级鉴定。

1985 年,华光Ⅱ型系统通过国家鉴定,在新华社投入运行,每日排印《新华社新闻稿》。该系统被评为 1985 年中国十大科技成就之一。

1986 年,华光Ⅲ型系统问世,是中国第一个实用科技排版系统,获首届全国发明展览会奖,并于 1986 年获得第十四届日内瓦发明展览会金奖。1987 年,"高分辨率字形在计算机中的压缩表示"技术获得欧洲专利。

1987 年,《经济日报》率先购进华光Ⅲ型照排系统,诞生了世界上第一张采用计算机组版、整版输出的中文报纸。同年,华光Ⅳ型系统研制成功,该系统获国家科技进步一等奖。中国传统出版印刷行业从此"告别铅与火,迎来光与电",这是印刷术发展史上的第三个里程碑。

1988 年,华光Ⅳ型投入批量生产。1992 年北京大学计算机研究所研制成

Europäisches Patentamt | European Patent Office | Office européen des brevets

URKUNDE

Es wird hiermit bescheinigt, daß für die in der beigefügten Patentschrift beschriebene Erfindung ein europäisches Patent für die in der Patentschrift bezeichneten Vertragsstaaten erteilt worden ist.

CERTIFICATE

It is hereby certified that a European patent has been granted in respect of the invention described in the annexed patent specification for the Contracting States designated in the specification.

CERTIFICAT

Il est certifié qu'un brevet européen a été délivré pour l'invention décrite dans le fascicule de brevet ci-joint, pour les Etats contractants désignés dans le fascicule de brevet.

Europäisches Patent Nr.:
European patent No.:
Brevet européen n°:
0095536

Patentinhaber:
Proprietor of the patent:
Titulaire du brevet:

Zhang, Song Zhi
Room 1202-1211 Wu Sang House 655 Nathan Road
Kowloon/HK

Wang, Xuan
Room 1202-1211 Wu Sang House 655 Nathan Road
Kowloon/HK

Wong, Kam Fu
Room 1202-1211 Wu Sang House 655 Nathan Road
Kowloon/HK

München, den
Munich,
Fait à Munich, le
18.03.87

EPA/EPO/OEB Form 2031

1987年王选获得的欧洲专利证书

王选先生

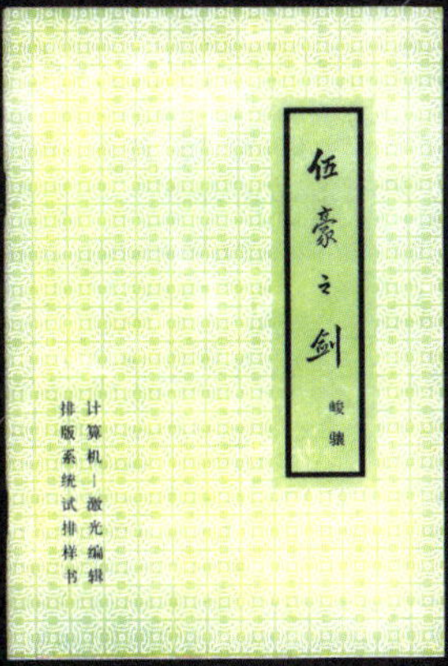

1980年激光照排系统排出的第一本样书《伍豪之剑》

748工程全电子式汉字精密照排系统方案说明蓝皮书

功方正彩色出版系统，并在《澳门日报》投入使用，诞生了世界上首次实现彩色图片与中文合一处理和输出的中文彩色报纸。同年 5 月，香港《大公报》率先购买了这一系统，紧接着，《新晚报》、《明报》、马来西亚的《光华日报》、美国的《星岛日报》等报纸纷纷采用。1992 年 6 月 1 日，《科技日报》成为中国内地首家采用方正彩色出版系统的报社。不久，一场告别电子分色机的技术革新在全国掀起，中国印刷业又一次实现了彩色出版的技术跨越，引发中国报业和出版印刷业的彩色技术革新。

同年，“北大方正”研制成功远程传版新技术，通过卫星以页面描述语言形式远程传送报纸版面，被人民日报社首先采用，实现了报纸的异地同步高质量印刷，使我国报业实现了告别传真机的技术革新。1993 年北京大学研制出世界上第一个基于 PostScript Level 2 的栅格图像处理器，国产电子出版系统迅速进入海外华人报业市场。1994 年《深圳晚报》首先采用新闻采编流程计算机管理系统，又引发了国内报业“告别纸和笔”的技术革新。

1993 年，“方正”第六代产品——方正 93 系统，在香港《明报》的竞标中一举中标，由此迅速进入港澳台地区。此后，方正系统又进入马来西亚的《光华日报》、《南洋商报》以及美国《世界日报》等华文出版业，其时，方正系统占据海外 80%的华文报业市场。

1997 年，“方正日文出版系统”正式出口日本，这是中国企业第一次较大规模地将拥有自主知识产权和自有产品品牌的高科技应用软件出口到发达国家。方正系统使得整个华文世界享用汉字激光照排技术，将中国激光照排技术推向世界，中华文明绽放出巨大的光芒。

第六节
数码彩印技术

1993 年，以色列 Indigo 和比利时 Xeikon 公司推出了世界上第一款数码彩色印刷机，标志着数码彩印的诞生。此后，数码印刷技术取得了飞速的发展，如今数码印刷技术成为潮流。所谓数码印刷，就是图文信息由计算机直接传送到印刷机，从而取消了分色、拼版、制版、打样等步骤。数码印刷是一

华光Ⅱ型激光照排机

吳君如仰天大笑談影事
高志森對手是扭紋柴 覺米高「神算」也不錯
喬宏熱心教會工作 赴泰北救助黎民
岐關車路有限公司
粵通船務有限公司
康泰旅行社

1992 年 1 月 21 日的《澳门日报》，第一张图文合一处理的中文彩色报纸

项综合性很强的技术，涵盖了印刷、电子、计算机、网络、通讯的多个技术领域。

伴随着数码印刷技术的成熟，数码印刷市场正快速成长。中国的数码印刷市场由于起点低，增长率更高。2003 年，中国数码印刷市场总产值的增长率超过了 100%，并且近几年还在持续高速增长。可变数据印刷、个性化印刷、个性化直邮、按需印刷成为数码印刷的主要应用领域。

一、按需印刷

按需印刷(Print-On-Demand，简称 POD)，是按照不同时间、地点、数量、内容的需求，通过数码及超高速打印技术来实现印刷行业整个流程的全新改造来适应个性化、短版化、高效率的现代市场需求。按需印刷主要针对频繁修订和需要装订的出版物，如使用手册、文件和政策宣传册等。它还特别适用于印刷编入了很多照片、图表、截屏图片的出版物。

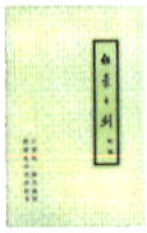

按需印刷是目前国际出版界谈论最多的话题之一，它既能满足读者喜欢阅读纸介质图书的习惯，也使出版者和书店增加了新的营销方式，同时也可以减少库存。按需出版是一种全新的出版模式，它突破了传统模式的印量限制，重新组合出版流程中的编、印、发各个环节，打破了传统印刷出版的分工模式，出版商直接以多种媒介面向读者。

按需制卡也属于按需商业印刷。数码印刷个性化制卡也是其特有的优势，这一点在中国第二代身份证的制作上已经得到了充分的印证。实际上，在今天这个处处用卡的时代，个性化的卡片需求量还是非常大的，如个性化信用卡(已有银行推出表面可印刷个性化图案的信用卡)，印有个人照片的员工卡、门卡等等。可以说这也是数码印刷今后的一大市场。

二、可变数据印刷

传统的印刷不允许印刷可变的信息。使用传统的印刷，通过印前工作处理进行制版，然后再上印刷机印刷，最终印刷出成千上万张看起来完全一样的印刷品。我们可以说这种信息是静态的(不可改变的)，而且页面也是静态的(不可改变的)。

数码印刷品《中帑水墨》，荣获美国印制大奖 Benny Award 金奖

B12 话题 上海星期三

个性印书 你准备好了吗？

近日，沪上一家名为"越印通"的网站打出"我的书，我作主"的口号，以"前所未有的低廉价格"、"专业团队的技术支持"、"优质快捷的制作速度"、"专业水准的图书制作"、"个性设计的完美作品"等一系列吸引眼球的广告语告诉人们——个人印书不再是梦想。

一本起印 随心所欲

个性印书 不买不卖

数码印刷 早已有之

2006年个性印书广告

传统胶印根本无法解决的可变数据印刷，在数码印刷中可以轻松实现，而且每一页上的图像和数字都可以在每一次印刷中连续变化。可变数据印刷适合于印刷个性化信息，如邮政、银行、电信等行业的单据，带有不同个人信息的证卡，以及商家针对不同客户的需求所印制的不同的直邮广告等等。

大多数数码印刷机能够印刷可变信息。在不同的页面上，可以印上不同的名字和地址。印刷可变信息的能力和可变印刷的结果，是根据用户定制的内容而决定的。为了完成用户定制的可变信息印刷，可以将静态的页面通过传统印刷机来完成，然后由数码印刷机进行可变信息的印刷；也可以直接通过数码印刷机一次进行带有可变信息的整个页面印刷。

三、个性化印刷

个性化印刷是指在印刷过程中，所印刷的图像或文字可以按预先设定好的内容及格式不断变化，从而使第一张到最后一张印刷品都具有不同的图像或文字，每张印刷品都可以针对其特定的发放对象而设计并印刷。目前，个性化印刷是按需印刷领域中增长最快的，一方面是因为生产商已开始有意识地针对自己的目标客户开发目标市场；另一方面，也由于印刷品的最终用户越来越强调自己的个性，对印刷品质量的要求日益提高，从而促进了个性化印刷的推广应用。

个性化印刷在商业领域的应用主要为：产品促销宣传单、公司活动宣传单、行业标书、行业形象设计手册、饭店菜单。

个性化印刷进入寻常百姓家的方式主要有：个人书面摄影作品集、个人明信片、个性化请柬及邀请函、个性挂历及年历、节日贺卡、个性化证卡、宝宝系列个性化产品（宝宝贺卡、宝宝日历、宝宝相册等）。

四、直邮商函印刷

单纯从印刷行业来看，目前中国大多数企业还是采用传统胶印印制直邮印刷品，采用数码印刷相对较少。但是在国外，直邮已经成为数字印刷领域增长最快的领域。其中，可变数据印刷的应用，使得直邮行业比起以往任何时候都显得更加直接和有效。当直邮业务稳步增长时，数码印刷也被越来越多的

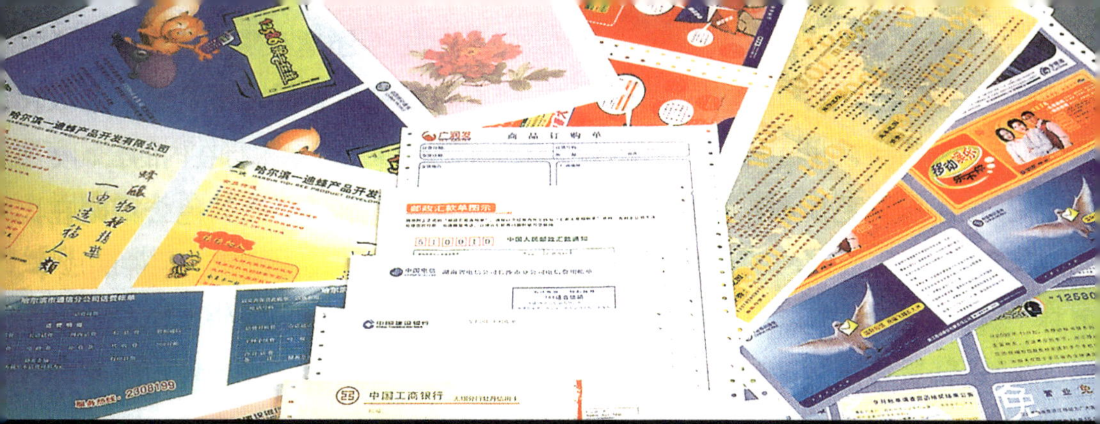

可变数据账单印刷

2008北京奥运会门票。此次北京奥运会门票集成了电子和物理等多重防伪技术，其中包括胶印缩微文字、动感全息开窗安全线、全息脱铝防伪技术等

个性化小台历

商家接受和应用。

在使用数码印刷技术印刷直邮印刷品时，厂商可以采用可变数据印刷印上邮递客户公司的标志、联系信息、收件人信息和附加信息(如条形码)，以提高安全性。调查表明：一般直邮会有 2%的反馈率。随着可变数据和个性化市场的发展，如今有了可以一张起印的数码印刷技术和可变数据软件，直邮商函可以实现从内到外的个性化，不仅名址可以不同，直邮商函的内容、画面也可以因人的年龄、性别、收入水平、兴趣爱好而异，从而拉近与客户的距离。

因此，作为数码印刷所擅长的应用领域，直邮必将成为印刷企业新的业务增长点。

五、数码印花

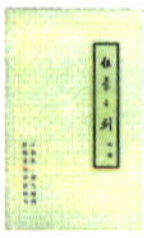

在中国，沉寂了数百年的印花技术在数码技术的支撑下卷土重来。

从元代开始，奢华之风使得古老的印花工艺几乎完全被刺绣、织锦等繁复的工艺所取代。传承到近代的传统印花也还在使用平网、圆网的方式进行印刷。

数码印刷的出现，尤其是喷墨技术的发展成熟，使印花技术只需几种原色就可以调配出千万种色彩，使客户可以在很短的时间内看到小样，能很方便地按客户的需要组织小批量甚至单件生产，花色也可以随心所欲。当数码印花技术与信息网络技术相结合时，就可以在网络上为客户进行三维模拟和量身订制，实现完全个性化的印花模式。

数码印花技术从根本上改变了传统的印花原理，是对传统印花方式的一次革命性的变革。它使个性化、小批量、快反应的市场需求得到真正的体现。另外，由于数码印花是将染液直接装在专用盒中按需喷射在织物上，既不浪费，也无污染，杜绝了调浆时印花机冲洗而排放的染液，达到印花过程无污染，同时也省去了胶片、丝网、印筒等材料的消耗，既减少了工作环节，节约了成本，又实现了环保的要求。

从古代印刷术到传统印刷术，实现了从纯人工到机械化的跨越，技术的创新体现在工艺环节水平的提高和改进。由传统印刷术到数码印刷术的应用，使得数字化成为技术创新的关键。

数码印刷个性服务受青睐

喷墨式数码印花机

未来的印刷业，信息化成为技术的核心。印刷过程中的信息技术含量将会越来越高，甚至于信息技术和印刷融为一体，变成一种知识产业，或者成为传播信息的媒介。

参考文献

[1]北京文物精粹大系编委会.北京文物精粹大系·古籍善本卷[M].北京:北京出版社,2002.

[2]故宫博物院.清代宫廷版画[M].北京:紫禁城出版社,2006.

[3]故宫博物院.清宫典籍文化[M].北京:紫禁城出版社,2005.

[4]张秀明.中国印刷史[M].杭州:浙江古籍出版社,2006.

[5]罗树宝.印刷之光[M].杭州:浙江人民美术出版社,2000.

[6]罗树宝.中国古代印刷史图册[M].北京:文物出版社,1998.

[7]任继愈.中国国家图书馆古籍珍品图录[M].北京:北京图书馆出版社,1999.

[8]中国版本文化丛书[M].南京:江苏古籍出版社,2002.

[9]中国历代货币[M].北京:新华出版社,2000.

[10]北京德宝艺术品拍卖会图录[M].2007.

[11]中国嘉德春季拍卖会图录[M].2007.

[12]薛雁,吴微微.中国丝绸图案集[M].上海:上海书店出版社,1999.

[13]孙毅夫.陆上与海上丝绸之路[M].北京:中国画报出版公司,

1989.
[14]中国历史博物馆.中国通史陈列[M].北京:朝华出版社,1998.
[15]文物[J].1972,9.
[16]文物[J].1972,12.
[17]王抒.王抒纺织考古[M].香港:艺纱堂服饰,2001.
[18]肖东发.中国图书出版印刷史论[M].北京:北京大学出版社,2001.
[19]中国古钞图辑[M].中国金融出版社,1992.
[20]北京印刷学院学报[J].2007,1.
[21]李茂增.宋元明清的版画艺术[M].郑州:大象出版社,2000.
[22]宿白.唐宋时期的雕版印刷[M].北京:文物出版社,1999.
[23]张树栋等.中华印刷通史[M].台北:财团法人印刷传播兴才文教基金会,2005.
[24]刘武辉等.数字印前技术[M].北京:化学工业出版社,2003.
[25]冯瑞乾.印刷概论[M].北京:印刷工业出版社,2001.
[26]福建省博物馆.福州南宋黄昇墓[M].北京:文物出版社,1982.
[27]刘永增.张掖马蹄寺北寺第3窟彩印五方佛的表现形式及其意义[R].2006.
[28]汉声编辑室.夹缬[M].北京:北京大学出版社,2007.
[29]黄能馥,陈娟娟.中国丝绸科技艺术七千年.北京:中国纺织出版社,2002.

图书在版编目(CIP)数据

中国彩印二千年/李英著.—南昌:江西科学技术出版社,2009.12

ISBN 978-7-5390-3628-1

Ⅰ.中…　Ⅱ.李…　Ⅲ.彩色印刷—印刷史—中国　Ⅳ.TS805.3-092

中国版本图书馆 CIP 数据核字(2009)第 238956 号

网址:http://www.jxkjcbs.com　选题序号:ZK2009180　图书代码:D09135-101

中国彩印二千年

李英　著

出版发行/江西科学技术出版社

社址/南昌市蓼洲街 2 号附 1 号　邮编/330009　电话/(0791)6623491　6639342(传真)

经销/各地新华书店

印刷/深圳市贤俊龙印刷有限公司

版(印)次/2009 年 12 月第 1 版　2009 年 12 月第 1 次印刷

开本/787mm×1092mm　1/16　16 印张

字数/200 千字

印数/1—5000 册

书号/ISBN 978-7-5390-3628-1

定价/80.00 元